·视频讲解·

PLC编程

从入门到精通

赵英宝 黄丽敏 李 娟◎主编

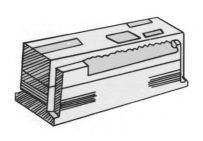

中国商业出版社

图书在版编目（CIP）数据

PLC编程从入门到精通 / 赵英宝，黄丽敏，李娟主编
-- 北京：中国商业出版社，2022.9
（零基础学技能从入门到精通丛书）
ISBN 978-7-5208-1939-8

Ⅰ．①P… Ⅱ．①赵… ②黄… ③李… Ⅲ．①PLC技术
－程序设计 Ⅳ．①TM571.61

中国版本图书馆CIP数据核字(2021)第241738号

责任编辑：管明林

中国商业出版社出版发行

（www.zgsycb.com 100053 北京广安门内报国寺1号）

总编室：010-63180647 编辑室：010-83114579

发行部：010-83120835/8286

新华书店经销

三河市龙大印装有限公司印刷

＊

710毫米×1000毫米 16开 10印张 237千字

2022年9月第1版 2022年9月第1次印刷

定价：88.00元

＊＊＊＊

（如有印装质量问题可更换）

前　言

　　可编程逻辑控制器（PLC）是以微处理器为核心技术的通用工业自动化控制装置，它将继电控制技术、计算机技术和通信技术融为一体，具有控制功能强大、使用灵活方便、易于扩展、环境适应性好等一系列优点。它不仅可以取代传统的继电接触控制系统，还可以应用于复杂的过程控制系统（模拟量控制和运动量控制）并组成多层次的工业自动化网络（通信控制）。因此，近年来 PLC 在工业自动控制机电一体化和传统产业改造等领域得到了越来越广泛的应用，而学习、掌握和应用 PLC 控制技术则成为广大工业控制从业人员、职业院校机电专业学生和负责生产现场维护的电工所必须掌握的基本知识与技术要求。为此，我们组织编写了《PLC 编程从入门到精通》一书。

　　本书采用全彩色图解的形式，从 PLC 编程基础和使用出发，全面详细地介绍了电气控制基础、西门子 PLC 及三菱 PLC 编程及应用技术。全书共四章，分别为 PLC 基础知识、PLC 编程技术、PLC 控制系统及 PLC 的应用。本书的阅读对象是从事工业控制自动化的工程技术人员、刚毕业的职业院校机电专业学生和在生产一线的初、中、高级维修电工。因此，本书在编写时针对初学入门者的特点，避免大量的理论和文字，采用了大量图片和实施流程图，内容通俗易懂，可以有效增强实际操作能力。在编写时，以知识点必需、够用为度，注重实用性。在编写过程中力求体现"定位准确、注重能力、内容创新、结构合理、叙述通俗"的特色，没有过于追求系统及理论的深度，突出"入门"的特点，简明扼要，使具有初中文化程度的读者也能读懂学会，稍加训练就可掌握基本操作技能，从而达到实用速成的目的。

为了使读者能尽快全面地掌握 PLC 模拟量控制和 PLC 对变频器等智能设备的控制应用技术，书中精选了一些应用实例，供读者在实践中参考。

本书适合所有想通过自学掌握 PLC 模拟量控制和通信控制的人员，也可作为 PLC 控制技术的培训教材和机电一体化等专业的教学参考书。

本书由五彩绳科技研究室组织编写，特邀请长期在教学工作和企业生产一线、具有丰富实践经验的教师和工程技术人员编写，主编为河北科技大学电气工程学院赵英宝副教授及黄丽敏工程师、山东商务职业学院智能制造学院李娟老师。

由于编者水平有限，书中难免存在疏漏乃至错误，衷心希望广大读者不吝赐教，批评指正。

编　者

目录

第一章　PLC 基础知识

第二章　PLC 编程技术

第一章　PLC 基础知识

第一节　电气控制技术基础

一、电器

"电器"是能自动或手动接通和断开电路的电气元件，用于实现对电路对象或非电路对象的切换、保护、检测、变换、调节等。

（一）电器的构成

电器由电磁机构与触头系统构成，电磁机构如图1-1所示，触头的结构形式如图1-2所示。

图 1-1　电磁机构

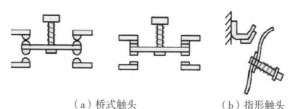

（a）桥式触头　　　　（b）指形触头

图 1-2　触头的结构形式

（二）电器的分类

电器的分类见表1-1。

表 1-1　电器的分类

分类形式		内容
按工作电压等级分类	低压电器	交流 1000V 或直流 1200V 以下
	高压电器	交流 1000V 或直流 1200V 以上
按动作原理分类	手动电器	由人工直接操作，如控制按钮 SB、选择开关 SA
	自动电器	由电信号或非电信号控制其动作，如接触器 KM、限位开关 SQ
按用途分类	控制电器	用于控制目的，如接触器 KM、时间继电器 KT
	主令电器	用于发号施令，如控制按钮 SB、限位开关 SQ
	保护电器	用于保护目的，如熔断器 FU、热继电器 FR
	配电电器	用于电能的输送和分配，如断路器 QF
	执行电器	用于完成某种动作，如接触器 KM、电磁阀
按工作原理分类	电磁式电器	依据电磁感应原理工作
	非电量控制电器	靠外力或某种非电物理量的变化而动作

二、低压电器

在交流 1000V 以下、直流 1200V 以下的电器称为低压电器。低压电器的种类很多，如开关、按钮、接触器、继电器、断路器（空气开关）、熔断器等。

（一）接触器 KM

1. 接触器的结构及工作原理

接触器是依靠电磁力的作用使触点闭合或分离来接通或分断交直流主电路和大容量控制电路，并能实现远距离自动控制和频繁操作，具有欠（零）电压保护，是自动控制系统和电力拖动系统中应用广泛的一种低压控制电器。

接触器的外形和结构如图 1-3 所示。它主要由电磁系统（包括杠杆、静铁芯、动铁芯、复位弹簧等）、触点（包括主触点、辅助触点）、灭弧装置等组成。

线圈与触点之间是因果关系，线圈是因，触点是果，杠杆机构是两者之间的桥梁：

线圈［通电、电生磁、磁生力］→动铁芯［被吸下］→触点［动作］。

线圈［断电、弹力＞剩磁磁力］→动铁芯［被释放］→触点［复位］。

（a）外形

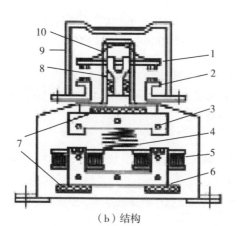

（b）结构

图 1-3 接触器的外形和结构

1-动触头；2-静触头；3-衔铁；4-弹簧；5-线圈；6-铁芯；
7-垫毡；8-触头弹簧；9-灭弧罩；10-触头压力弹簧。

2. 接触器的分类（表 1-2）

表 1-2 接触器的分类

分类形式		内容
按主触点的 电流类型分类	交流接触器	主触点主要用于控制交流电动机通电与断电
	直流接触器	主触点主要用于控制直流电动机通电与断电
按线圈的 电压类型分类	交流操作型接触器	线圈为交流型，允许的操作频率为 1200 次 /h 或 600 次 /h 或 300 次 /min，适合一般情况
	直流操作型接触器	线圈为直流型，允许的操作频率较高，适合重负载

3. 接触器的型号规格

型号为 CJ20-16/03 的交流接触器，其主触点的额定电流、电压分别为 16A、380V。CJ20 系列交流接触器线圈的额定电压可选 AC 36V/127V/220V/380V 或 DC 48V/110V/220V。

4. 接触器主触点的电弧问题

接触器主触点一般采用"铜质 / 银质"材料制成，在分断大电流时，有明显的电弧产生，如图 1-4 所示。

（a）

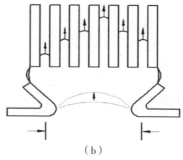

（b）

图 1-4 接触器主触点的电弧

触点分断电流时，如果触点间电压大于 10V，电流超过 80mA，触点间就会产生蓝色的弧光，即电弧。电弧是触点间的气体在强电场作用下的放电现象。

特 别 提 醒

    电弧的产生可延长电路的分断时间，烧损触点及触点附近的绝缘材料，并且形成飞弧，严重时造成伤人及电源短路事故。

可以采用灭弧罩、灭弧栅片等灭弧措施，使电弧迅速冷却，从而迅速熄灭。

5. 交流接触器短路环的作用

交流接触器短路环可避免交流操作型接触器动、静铁芯吸合之后所产生的震动噪声，详细情况如图 1-5 所示。

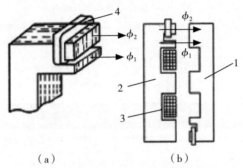

图 1-5　交流接触器的短路环

1-衔铁；2-铁芯；3-线圈；4-短路环。

6. 接触器的符号

接触器的符号如图 1-6 所示。

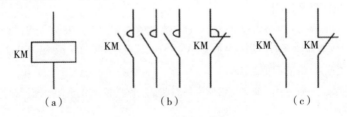

图 1-6　接触器的符号

（二）热继电器 FR

热继电器的外形和结构如图 1-7 所示。

工作原理：热元件〔通电过热（通过的电流大于整定值）→双层金属片（过热变形，时限到，动端发生有效偏移）→输出触点（动作，发出保护信号）。

热继电器的发热元件串联于电动机的主电路，对电动机进行过载保护和断相保护。

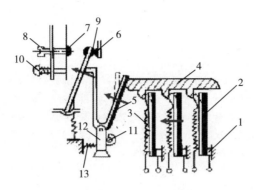

图 1-7　热继电器的外形和结构

1-推杆；2-主双金属片；3-加热元件；4-导板；5-补偿双金属片；6-静触点；7-动合触点；
8-复位螺丝；9-动触点；10-按钮；11-调节旋钮；12-支撑杆；13-压簧。

特别提醒

长期过载、频繁启动、欠电压、断相运行均会引起过电流。

热继电器电路的图形符号及原理图解分析如图 1-8 所示。

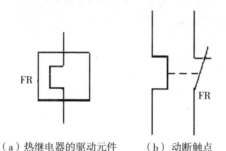

（a）热继电器的驱动元件　　（b）动断触点

图 1-8　热继电器电路的图形符号和原理图解分析

型号规格：型号为 JR20-10L 的热继电器。型号说明如下：

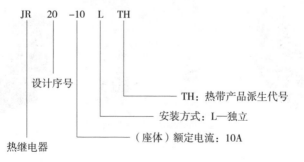

JR　20　-10　L　TH

设计序号

TH：热带产品派生代号

安装方式：L—独立

（座体）额定电流：10A

热继电器

　　JR20系列双金属片热继电器适用于交流50Hz、电压至660V、电流至630A的电路中，用作交流电动机的过载、断相及三相严重不平衡的保护；带有断相保护，温度补偿；手动或自动复位；动作脱扣灵活性检查；动作脱扣指示；断开检验按钮等功能。其中，JR20-250～JR20-630热继电器为带互感式热继电器，电流互感器串接在被保护电动机的主电路中；当电动机过载时，电流经电流互感器的变换，加热所配置的小容量热继电器的主双金属片，使其动作从而保护电动机。

　　热继电器的选择：$I_n \geq I_{nm}$。其中，I_n为热继电器热元件的额定电流；I_{nm}为电动机的额定电流；I_n（整定值）$\approx I_{nm}$。

　　热继电器FR发热元件的动作电流的整定值一般情况应调整为与电动机的额定电流大约相等，如果整定值严重偏大，电动机过载时FR就不能准时动作，发生电动机烧损事故。

　　电子型电动机保护器（BHQ-S-J及DBJ-Ⅰ、DBJ-Ⅱ、DBJ-Ⅲ等）可用于替代热继电器FR，其安装方法与热继电器FR相同，但其保护性能优于热继电器FR。如果条件允许，建议优先采用电子型电动机保护器，以取代热继电器FR。

　　DBJ系列电动机保护器的主要技术指标如下：

　　适用范围：0.37～250kW电动机。

　　工作电源：220/380V，50Hz。

　　断相保护动作时间：小于或等于5s。

　　过载延时动作时间：7～40s，按反时限规律动作。

（三）熔断器FU

　　熔断器是一种简单、有效的保护型电器，串接于被保护电路的首端，主要用作电路的短路保护和严重过载。熔断器有瓷插式、螺旋式和封闭管式等类型，其外形如图1-9所示。

（a）瓷插式熔断器　　　　（b）螺旋式熔断器　　　（c）有填料封闭管式熔断器

图1-9　三种熔断器外形

　　熔断器主要由熔体及熔座构成。熔体俗称保险丝，其额定电流等级较多，既是感测元件，又是执行元件。熔座的额定电流等级较少，作用是安装熔体、熄灭电弧。

原理：熔体与被保护的电路相串联。正常时，熔体允许长期通过额定电流；当电路发生短路或严重过载时，熔体中流过很大的故障电流，当电流产生的热量达到熔体的熔点时，熔体熔断，切断电路，从而达到保护目的。

型号为 RT l8-32/2 的熔断器，其型号的含义如下：

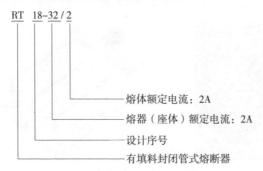

RT 18-32 / 2

熔体额定电流：2A
熔器（座体）额定电流：2A
设计序号
有填料封闭管式熔断器

RT18 型（又称 HG30 型）熔断器用于额定电压为交流 380V、额定电流至 63A 的配电装置中，用作线路的过载和短路保护。

选择熔断器时主要考虑的技术参数见表 1-3。

表1-3 选择熔断器时主要考虑的技术参数

技术参数	内容
熔断器类型的选择	根据线路要求、使用场合和安装条件选择（是插入、螺旋，还是有无填料的）
熔断器额定电压的选择	其额定电压大于或等于线路的工作电压
熔断器额定电流的选择	其额定电流必须大于等于所装熔体的额定电流
熔体额定电流的选择	用于电炉、照明等电阻性负载的短路保护： $I_{RN} = I_N$ 保护单台电动机时： $I_{RN} \geq (1.5 \sim 2.5) I_N$ 保护多台电动机时： $I_{RN} \geq (1.5 \sim 2.5) I_{Nmax} + \sum I_N$ 式中：I_{RN} 为熔体的额定电流；I_N 为电动机的额定电流；I_{Nmax} 为容量最大的一台电动机的额定电流；$\sum I_N$ 为其余电动机的额定电流之和

熔断器的图形符号如图 1-10 所示。

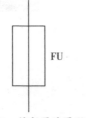

FU

图 1-10 熔断器的图形符号

（四）手控开关

1. 刀开关

刀开关是一种手动电器，又称为闸刀开关，广泛应用于配电设备作隔离电源，也用于小容量不频繁起停的电动机直接起动控制。刀开关的外形如图 1-11 所示。

（a）　　　　　　　　　　　　　　（b）

图 1-11　刀开关

胶盖闸刀开关陶瓷底板上有进线座、静插座、熔丝、出线座、动触刀，上面有两块胶盖，额定电压为 AC380V、DC440V，电流为 60A。

特 别 提 醒

（1）手柄向上合闸。
（2）电源进线接在静插座一侧的进线端，用电设备接在动触刀一侧的出线端。

HH 系列铁壳开关如图 1-12 所示，其应用于手动不频繁地通断负载电路。

图 1-12　HH 系列铁壳开关

特 别 提 醒

外壳要可靠接地，防止漏电。

2. 转换开关

转换开关的外形如图 1-13 所示。

（a）　　　　　　　　（b）

图 1-13　转换开关的外形

转换开关由手柄、转轴、动触片、静触片、定位机构、外壳等组成，如图 1-14 所示。它应用于额定电压 AC500V、电流 10 ～ 100A 的场合。

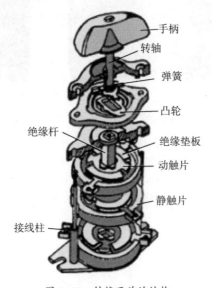

手柄
转轴
弹簧
凸轮
绝缘杆
绝缘垫板
动触片
静触片
接线柱

图 1-14　转换开关的结构

特 | 别 | 提 | 醒

（1）用转换开关控制 7kW 以下电机时：$I_{开关} \geqslant 3I_{电动机}$。

（2）用转换开关接通电源，另用接触器控制电机时：$I_{开关} \geqslant I_{电动机}$。

（五）低压断路器 QF

低压断路器又称为自动空气开关（简称"空开"），它能够不频繁地通断电路，并能在电路过载、短路、失压、漏电时自动分断电路。按其结构可分为框架式和塑壳式，如图 1-15 所示。

（a）框架式　　　　　　　（b）塑壳式

图 1-15　低压断路器的外形

　　塑壳式断路器主要由塑料绝缘外壳、触点系统、操作手柄、脱扣器等部分组成。其外形如图 1-16 所示。

（a）　　　　　　　（b）　　　　　　　（c）

图 1-16　塑壳式断路器的外形

　　断路器的工作原理如图 1-17 所示。图中主触点 2 有三对，串联在被保护的三相主电路中。断路器的自动分断，是通过过电流脱扣器 6、欠电压脱扣器 11 和热脱扣器 12、13 的作用，使搭钩 4 被杠杆 7 顶开而完成的。过电流脱扣器 6 的线圈和主电路串联，当线路工作正常时，过电流脱扣器 6 产生的电磁吸力不能将衔铁 8 吸合，只有当电路发生短路或产生很大的过电流时，其电磁吸力才能将衔铁 8 吸合，撞击杠杆 7，顶开搭钩 4，使主触点 2 断开，从而将电路分断。

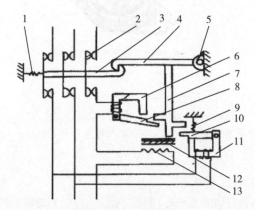

图 1-17　断路器的工作原理

1、9-弹簧；2-主触点；3-锁键；4-搭钩；5-轴；6-过电流脱扣器；7-杠杆；
8、10-衔铁；11-欠电压脱扣器；12-双金属片；13-电阻丝断路器的图形符号如图 1-18 所示。

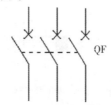

图 1-18　断路器的图形符号

（六）继电器

继电器是一种根据外界输入信号来控制电路通断的自动切换电器。其输入信号是 I、V 电量，或 t、V、T、P 等非电量，输出是触点的动作或电路参数的变化。继电器的分类见表 1-4。

表 1-4　继电器的分类

分类形式	内容
按用途分类	控制继电器、保护继电器
按动作原理分类	磁式继电器、电动式继电器、电子式继电器和热继电器
按输入信号分类	电流继电器、电压继电器、时间继电器、温度继电器、速度继电器和压力继电器等
按输出形式分类	有触点继电器或无触点继电器

这里主要介绍空气阻尼式时间继电器（分为通电延时型和断电延时型两种），其工作原理如图 1-19 所示。其特点是结构简单，寿命长，延时范围大，应用广泛。常用型号有 JS7-A、JS23 等。

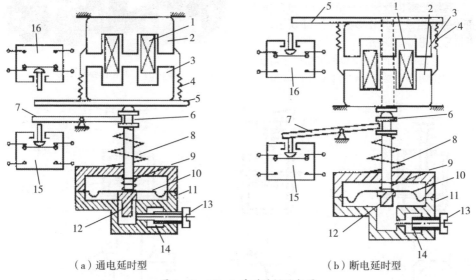

（a）通电延时型　　　　　　　　　　（b）断电延时型

图 1-19　JS7-A 系列时间继电器

1-线圈；2-铁芯；3-衔铁；4-复位弹簧；5-推板；6-活塞杆；7-杠杆；8-塔形弹簧
9-弱弹簧；10-橡皮膜；11-空气室壁；12-活塞；13-调节螺杆；14-进气孔；15、16-微动开关。

时间继电器的图形符号如图 1-20 所示。

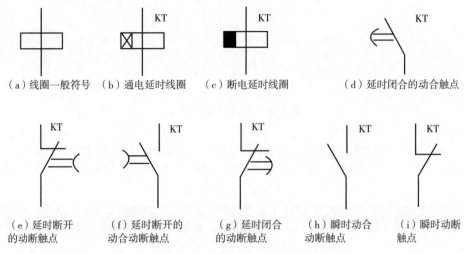

（a）线圈一般符号　（b）通电延时线圈　（c）断电延时线圈　　　　（d）延时闭合的动合触点

（e）延时断开
的动断触点　　　（f）延时断开的
动合动断触点　　　（g）延时闭合
的动断触点　　　（h）瞬时动合
动断触点　　　（i）瞬时动断
触点

图 1-20　时间继电器的图形符号

三、主令电器

主令电器是用于向控制系统发送控制指令的电器，一般不能直接用于通断主电路，其主要有控制按钮 SB、选择开关 SA、测位开关（包括行程开关、接近开关等）SQ、速度继电器 KV、压力继电器 KP 等类型。

（一）按钮

按钮一般由按钮、复位弹簧、触头和外壳等部分组成。其外形如图 1-21 所示，图形符号如图 1-22 所示。

红色按钮用于停止，绿色按钮用于启动。

按钮型号主要有 LA2、LA10、LA20 等。

图 1-21　各种按钮的外形

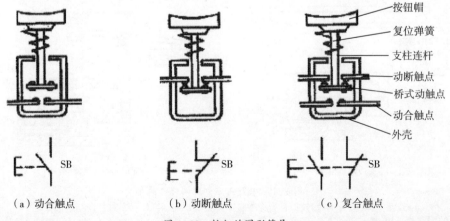

按钮帽
复位弹簧
支柱连杆
动断触点
桥式动触点
动合触点
外壳

（a）动合触点　　　　　（b）动断触点　　　　　（c）复合触点

图 1-22　按钮的图形符号

（二）行程开关

行程开关按结构分类见表 1-5。

表 1-5　行程开关按结构分类

类别	特点	示意图
直动式开关	撞块移动速度大于 0.4m/min	
微动开关	体积小、动作灵敏，适用于小型机构	
转动式开关	型号有 LXW5、LX19、LX33	（a）单轮旋转式　　（b）双轮旋转式

行程开关的图形符号如图 1-23 所示。

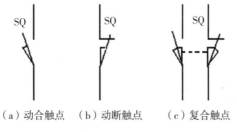

（a）动合触点　（b）动断触点　（c）复合触点

图 1-23　行程开关的图形符号

（三）接近开关

接近开关也称为无触点行程开关，其外形如图 1-24 所示。

接近开关用于行程控制、限位保护、尺寸检测、测速、液位控制等。其具有工作可靠、寿命长、功耗低、复位定位精度高等特点。常见型号有 LJ2、LJ6、LXJ18 等。

接近开关的图形符号如图 1-25 所示。

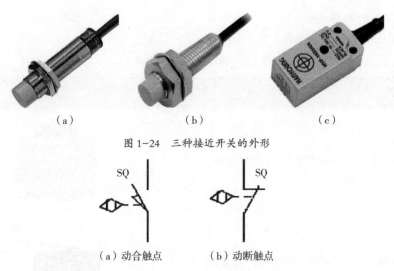

（a）　　　　　　　　（b）　　　　　　　　（c）

图 1-24　三种接近开关的外形

（a）动合触点　　　　（b）动断触点

图 1-25　接近开关的图形符号

四、基本控制电路

（一）电动机单向起动控制电路

电动机单向起动控制电路常用于只需要单方向运转的小功率电动机的控制，如小型通风机、水泵以及皮带运输机等机械设备。图 1-26 是电动机单向起动控制电路，它是一种最常用、最简单的控制电路，能实现对电动机的起停的自动控制、远距离控制、频繁操作等。

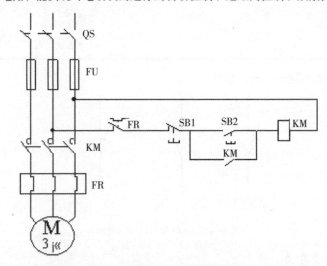

图 1-26　电动机单向起动控制电路

在图 1-26 中，主电路由隔离开关 QS、熔断器 FU、接触器 KM 的常开主触点，热继电器 FR 的热元件和电动机 M 组成。控制电路由启动按钮 SB2、停止按钮 SB1、接触器 KM 线圈和常开辅助触点、热继电器 FR 的常闭触头构成。

控制电路工作原理如下：

（1）起动电动机：合上三相隔离开关 QS，按启动按钮 SB2，按触器 KM 的吸引线圈得电，三对常开主触点闭合，将电动机 M 接入电源，电动机开始起动。同时，与 SB2 并联的 KM 的常开辅助触点闭合，即使松手断开 SB2，吸引线圈 KM 通过其辅助触点也可以继续保持通电，维持吸合状态。凡是接触器（或继电器）利用自己的辅助触点来保持其线圈带电的，就称为自锁（自保）。这个触点称为自锁（自保）触点。由于 KM 的自锁作用，当松开 SB2 后，电动机 M 仍能继续起动，最后达到稳定运转。

（2）停止电动机：按停止按钮 SB1，接触器 KM 的线圈失电，其主触点和辅助触点均断开，电动机脱离电源，停止运转。这时，即使松开停止按钮，由于自锁触点断开，接触器 KM 线圈不会再通电，电动机也不会自行起动。只有再次按下启动按钮 SB2 时，电动机才能再次起动。

（3）合上开关 QS：起动→KM 主触点闭点→电动机 M 得电起动；按下 SB2→KM 线圈得电→KM 常开辅助触点闭合→实现自保；停车→KM 主触点复位→电动机 M 断电停车；按下 SB1→KM 线圈失电→KM 常开辅助触点复位→自保解除。

（二）三相异步电动机降压起动控制电路

1. 串电阻（或电抗）降压起动控制电路

在电动机起动过程中，常在三相定子电路中串接电阻（或电抗）来降低定子绕组上的电压，使电动机在降低了的电压下起动，以达到限制起动电流的目的。电动机转速一旦接近额定值时，切除串联电阻（或电抗），使电动机进入全电压正常运行。这种线路的设计思想通常是采用时间原则按时切除起动时串入的电阻（或电抗）以完成起动过程。在具体线路中可采用人工手动控制或时间继电器自动控制来加以实现。

图 1-27 是定子串电阻降压起动控制电路。电动机起动时在三相定子电路中串接电阻，

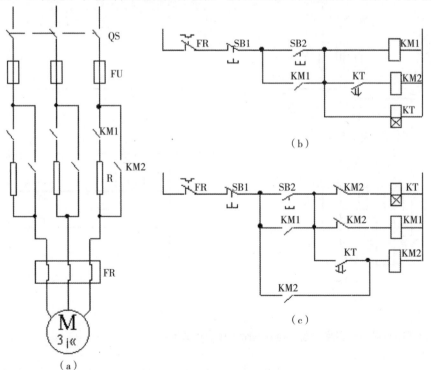

图 1-27 定子串电阻降压起动控制电路

使电动机定子绕组电压降低，起动后再将电阻短路，电动机仍然在正常电压下运行。这种起动方式由于不受电动机接线形式的限制，设备简单，因而在中小型机床中也有应用。机床中也常用这种串接电阻的方法限制点动调整时的起动电流。

图 1-27（b）控制电路的工作过程如下：

（1）按 SB2 KM1 得电（电动机串电阻启动）；

（2）KT 得电（延时）KM2 得电（短接电阻，电动机正常运行）；

（3）按 SB1，KM2 断电，其主触点断开，电动机停车。

只要 KM2 得电，就能使电动机正常运行。但图 1-27（b）所示的电路在电动机起动后 KM1 与 KT 一直得电动作，这是不必要的。图 1-27（c）所示的电路就解决了这个问题，接触器 KM2 得电后，其动断触点将 KM1 及 KT 断电，KM2 自锁。这样，在电动机起动后，只要 KM2 得电，电动机便能正常运行。

2. 串自耦变压器降压起动控制电路

在自耦变压器降压起动的控制电路中，限制电动机起动电流是依靠自耦变压器的降压作用来实现的。自耦变压器的初级和电源相接，自耦变压器的次级与电动机相连。自耦变压器的次级一般有 3 个抽头，可得到 3 种数值不等的电压。使用时，可根据起动电流和起动转矩的要求灵活选择。电动机起动时，定子绕组得到的电压是自耦变压器的二次电压，一旦起动完毕，自耦变压器就被切除，电动机直接接至电源，即得到自耦变压器的一次电压，电动机进入全电压运行。这种自耦变压器通常称为起动补偿器。这一线路的设计思想和串电阻起动线路基本相同，都是按时间原则来完成电动机起动过程的。图 1-28 为定子串自耦变压器降压起动控制电路。

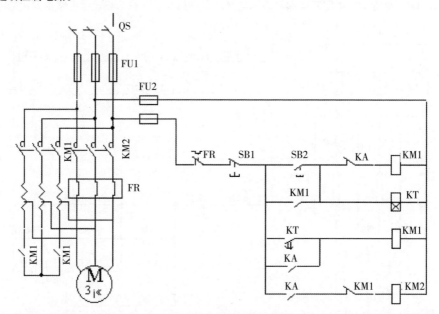

图 1-28　定子串自耦变压器降压起动控制电路

定子串自耦变压器降压起动控制电路工作原理如下：

（1）闭合开关 QS。

（2）起动：按下按钮 SB2，KM1 和时间继电器 KT 同时得电，KM1 常开主触点闭合，电动机经星形连接的自耦变压器接至电源降压起动。

时间继电器 KT 经一定时间到达延时值，其常开延时触点闭合，中间继电器 KA 得电并自锁，KA 的常闭触点断开，使接触器 KM1 线圈失电，KM1 主触点断开，将自耦变压器从电网切除，KM1 常开辅助触点断开，KT 线圈失电，KM1 常闭触点恢复闭合，在 KM1 失电后，使接触器 KM2 线圈得电，KM2 的主触点闭合，将电动机直接接入电源，使之在全电压下正常运行。

（3）停止：按下按钮 SB1，KM2 线圈失电，电动机停止转动。

3. Y—△降压起动控制电路

星形—三角形（Y—△）降压起动简称星三角降压起动。这一线路的设计思想仍是按时间原则控制起动过程，不同的是：在起动时将电动机定子绕组接成星形，每相绕组承受的电压为电源的相电压（220V），减小了起动电流对电网的影响；在其起动后则按预先整定的时间换接成三角形接法，每相绕组承受的电压为电源的线电压（380V），电动机进入正常运行。凡是正常运行时定子绕组接成三角形的笼型异步电动机均可采用这种电路。图 1-29 所示为定子绕组接成 Y—△降压起动控制电路。

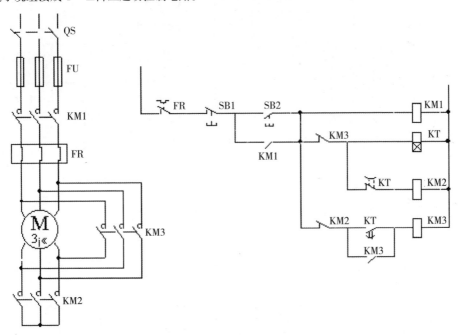

图 1-29　Y—△降压起动控制电路

Y—△降压起动控制电路工作原理：

（1）按下启动按钮 SB2，接触器 KM1 线圈得电，电动机 M 接入电源。同时，时间继电器 KT 及接触器 KM2 线圈得电。

（2）接触器 KM2 线圈得电，其常开主触点闭合，电动机 M 定子绕组在星形连接下运行。KM2 的常闭辅助触点断开，保证了接触器 KM3 不得电。

（3）时间继电器 KT 的常开触点延时闭合；常闭触点延时断开，切断 KM2 线圈电源，其主触点断开而常闭辅助触点闭合。

（4）接触器 KM3 线圈得电，其主触点闭合，使电动机 M 由星形起动切换为三角形运行。

（5）按 SB1 辅助电路断电，各接触器释放，电动机断电停车。

电路在 KM2 与 KM3 之间设有辅助触点联锁，防止它们同时动作造成短路；此外，电路转入三角接运行后，KM3 的常闭触点分断，切除时间继电器 KT、接触器 KM2，避免 KT、KM2 线圈长时间运行而空耗电能，并延长其寿命。

（三）异步电动机正反转控制电路

1. 正—停—反控制

正—停—反控制电路如图 1-30 所示。

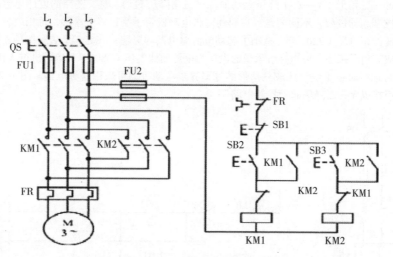

图 1-30 正—停—反控制电路

2. 正—反—停控制电路

正—反—停控制电路如图 1-31 所示。

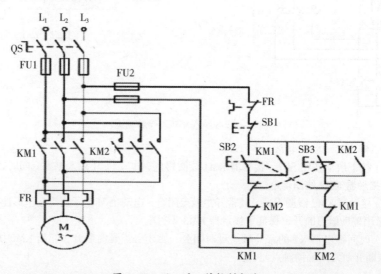

图 1-31 正—反—停控制电路

（四）异步电动机制动控制电路

1. 反接制动控制电路

反接制动控制电路如图 1-32 所示。

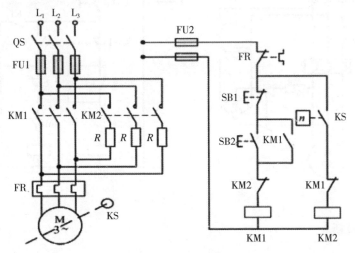

（a）改进前的控制电路

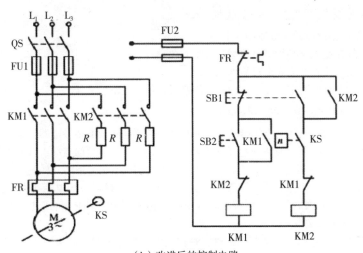

（b）改进后的控制电路

图 1-32　反接制动控制电路

2. 能耗制动控制电路

能耗制动控制电路如图 1-33 所示。

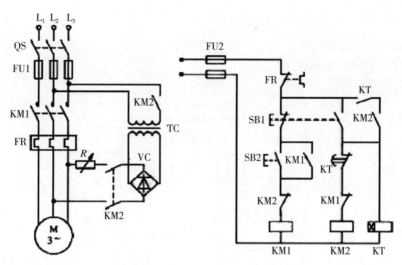

图 1-33　能耗制动控制电路

五、电气控制

（一）电气控制设计

1. 电气控制电路设计的一般原则

电气控制电路设计的一般原则如下：

（1）电气控制电路必须满足机械装备工艺要求；

（2）控制电路必须能安全可靠地工作；

（3）控制电路应力求在安装、操作和维修时简单、经济、方便。

2. 电气控制电路设计的一些规律

电气控制系统主要指继电器控制系统，继电器控制系统主要是各种电器触点通过一定的组合去控制相应的电器线圈。而对某些工艺或控制功能的要求，电器触点的组合方式往往也有一定的规律，掌握了这些规律，对识读和设计电气控制电路会有很大帮助。其规律如下：

（1）当要求在几个条件中，只要具备其中任何一个条件，被控电器线圈就能得电时，可用几个动合触点并联后与被控线圈串联实现；控电器线圈断电时，可用几个动断触点与被控线圈串联的方法来实现。

（2）当要求必须同时具备几个条件，被控线圈才能得电时，可采用几个动合触点与被控线圈串联的方法来实现；被控线圈才能断电时，可采用几个动断触点并联后与被控线圈串联来实现。

以上规律的应用是随处可见的，例如，当电器线圈一旦通电后即要求保持通电，则只需将该电器的一个动合触点与其启动按钮（或引发线圈通电的其他电器的动合触点）并联即可，这就是常用的自锁电路。不同的运用还可得出先后动作电路、正反转互锁电路、两地控制电路等。

电气控制电路设计中的注意事项如下：

（1）合理选择控制电源。当控制电器较少，控制电路很简单时，控制电路可直接使用主电路电源，如普通车床的控制电路；当控制电器较多，控制电路较复杂时，通常采用控制变压器，将控制电压降到 110V 或 110V 以下，如镗床的控制电路；对于要求吸力稳定又操作频繁的直流电磁器件，如液压阀中的电磁铁，必须采用相应的直流控制电源。

（2）防止电气线圈的错误连接。电压线圈，特别是交流电压线圈，不能串联使用。大电感的直流电磁线圈（如电磁铁线圈）不能直接与别的电磁线圈（特别是继电器线圈）相并联。

（3）电器触点的布置要尽可能优化。同一个电器（特别是需单独安装的电器）中的几个触点，在电路中应尽量靠近并最好有合用的公共端子，如图 1-34 所示在每个电器线圈的电路中，串联的触点数应尽量减少，如图 1-35 所示。

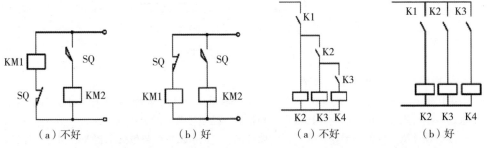

图 1-34　电器触点在电路中的布置　　　　图 1-35　有一定动作顺序的控制电路

（4）防止出现寄生电路。在电动机正反转控制电路中加上两个指示灯，如图 1-36(a) 所示，则在热继电器 FR 动作后就会出现寄生振荡，有可能使接触器不释放，电动机失去过载保护。采用图 1-36（b）所示电路，就可以防止寄生电路的出现。

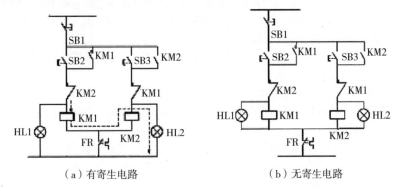

图 1-36　带有指示灯的电动机正反转控制电路

（5）注意电器触点间的"竞争"问题。图 1-37（a）为用时间继电器的反身关闭电路。当时间继电器 KT 的常闭触头延时断开后，时间继电器 KT 线圈失电，又使经 t_1 秒延时断开的常闭触头闭合，以及经 t_2 秒瞬时动作的常开触头断开。若 $t_1 > t_2$，则电路能反身关闭；若 $t_1 < t_2$，则继电器 KT 再次吸合。这种现象就是触头竞争。在此电路中，增加中间继电器 KA 便可以解决，如图 1-37（b）所示。

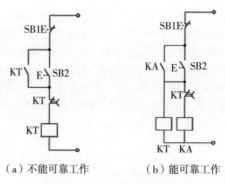

（a）不能可靠工作　　　　（b）能可靠工作

图 1-37　反身自停电路

3. 电气控制电路的设计方法

采用继电器控制系统的控制电路的设计通常有分析设计法和逻辑代数设计法。对于不太复杂的电路，用分析设计法设计比较直观和自然，这里主要介绍分析设计法。

分析设计法也称为一般设计法或经验设计法，它是根据生产机械的工艺要求和生产过程，选择适当的基本环节（单元电路）或典型电路综合而成的电气控制电路。

用分析设计方法设计电气控制电路的步骤如下：

（1）根据确定的拖动电机与拖动方案设计主电路。

（2）根据主电路和工艺动作的要求，对控制电路各个环节逐一进行设计。将控制电路的典型环节恰当地运用要注意结合具体的控制任务来满足一定工艺动作的要求。当工艺动作要求复杂时，可分出层次逐步改进，直到满意为止。若没有现成典型环节可利用，则需按照生产机械工艺要求逐步进行设计，边分析边设计。

（3）将控制电路的各个环节拼成一个整体的设计草图，拼合过程中需注意加入必要的联锁与保护，使电路的整体功能有机协调。

（4）检查与验证。设计好的草图经检查和验证才能转入施工设计。检查工作可由设计者自己或请有关人员进行；而验证工作一般要做通电试验，以验证各步动作是否实现了设计要求。

从以上步骤可看出，分析设计法比较直观和易于掌握。但也存在一些缺点：由于设计过程的渐进性而使设计出的电路往往不是最优化的；由于考虑不周而可能出现设计差错；因反复修改而设计速度慢；没有固定的设计程序。

逻辑代数设计法是从生产机械的工艺资料（工作循环图、液压系统图）出发，根据控制电路中的逻辑关系并经逻辑函数式的化简，再绘出相应电路图。这种方法的优点是设计出的控制电路既能符合工艺要求，又能达到电路简单、可靠、经济合理的目的。逻辑代数设计法适合于较复杂的控制系统的设计，但目前在较复杂的控制系统中，PLC 控制已越来越多地取代继电器控制系统，所以逻辑设计法的应用已不是很广泛。

（二）楼宇自动给水控制

继电器—电动机连续控制如图 1-38 所示。

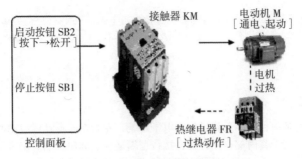

图 1-38 继电器—电动机连续控制

其控制过程如下：

（1）SB2［按下→松开］→ KM1［通电 → 自保］→ 电动机 M1［启转］。

（2）SB1［按下→松开］→ KM1［断电 → 解除自保］→ 电动机 M1［停转］。

（3）M1［通电过热］→ FR1［动作］→ KM1［0 态］→ M1［断电免烧］。

继电器—电动机连续控制电路如图 1-39 所示。

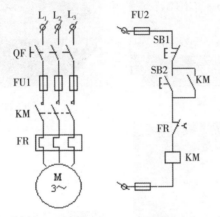

图 1-39 继电器—电动机连续控制电路

（1）合上电源开关 QF。

（2）起动：SB2［按下］→ KM［线圈得电］→ KM［动合触点闭合］，同时 KM［主触点也闭合］→ M［电动机连续运转］。

当松开 SB2 常开触头恢复分断后，因为接触器 KM 的常开辅助触头闭合时已将 SB2 短接，控制电路仍保持接通，所以接触器 KM 继续得电，电动机 M 实现连续运转。像这种当松开启动按钮 SB2 后，接触器 KM 通过自身常开触头而使线圈保持得电的作用称为自锁（也称为自保）。与启动按钮 SB2 并联起自锁作用的常开触头称为自锁触头（也称为自保触头）。

（3）停止：SB1［按下］→ KM［线圈失电］→ KM［动合触点断开］，同时 KM［主触点也断开］→ M［电动机停止运转］。

由以上分析可知：

（1）SB2［按下→松开］→ KM［通电 → 自保］→ 电动机［启转］。

（2）SB1［按下→松开］→ KM［断电 → 解除自保］→ 电动机［停转］。

第二节 对 PLC 的基本认识

一、认识 PLC

可编程控制器是一种数字运算操作的电子系统，专为在工业环境应用而设计的。它采用可编程的存储器，用于其内部存储程序，执行逻辑运算、顺序控制、定时、计数与算术操作等面向用户的指令，并通过数字量或模拟量输入／输出控制各种类型的机械或生产过程。可编程控制器及其有关外部设备，都按易于与工业控制系统联成一个整体，易于扩充其功能的原则设计。

PLC 的实物如图 1-40 所示。

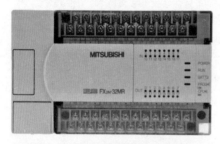

（a）三菱系列

（b）西门子系列

（c）松下系列

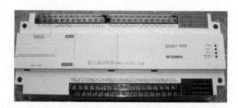

（d）欧姆龙系列

图 1-40 PLC 实物图

PLC 的外部结构如图 1-41 所示。

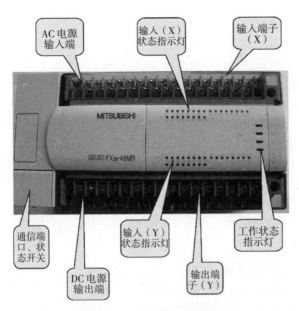

图 1-41　PLC 的外部结构

（一）PLC 的型号及意义

FX 系列 PLC 的型号表示方法（以 FX_{2N}—48MR 为例）如图 1-42 所示。

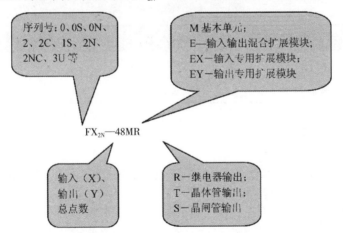

图 1-42　FX 系列 PLC 的型号表示方法

三种输出特性比较见表 1-6。

表 1-6　三种输出特性比较

输出器件类型	开关速度	带负载能力	负载电源类型	使用场合
继电器	低	强	交、直流	低频
晶体管	高	弱	直流	高频
晶闸管	高	弱	交流	高频

（二）PLC 的分类

PLC 产品种类繁多，其规格和性能也各不相同。通常根据 PLC 结构形式的不同、功能的差异和 I/O 点数的多少等进行大致分类。

1. 按结构形式分类

根据 PLC 的结构形式，分为以下两类。

（1）整体式 PLC：将电源、CPU、I/O 接口等部件都集中装在一个机箱内，具有结构紧凑、体积小、价格低的特点。小型 PLC 一般采用这种整体式结构。

（2）模块式 PLC：将 PLC 各组成部分分别做成若干个单独的模块，如 CPU 模块、I/O 模块、电源模块（有的含在 CPU 模块中）以及各种功能模块。大中型 PLC 一般采用模块式结构。

2. 按功能分类

根据 PLC 所具有的功能不同，可将 PLC 分为低档、中档、高档三类。

（三）PLC 的选用

1. 输入、输出点数的选择

（1）PLC 输入点数大于或等于控制电路输入触点数。

（2）PLC 输出点数大于或等于控制电路负载数。

2. 输出端接口类型的选择

输出端接口类型的选择见表 1-7。

表 1-7　输出端接口类型的选择

负载电源类型	开关速度高	开关速度低
交流	晶闸管	继电器、晶闸管
直流	晶体管	继电器、晶体管

二、PLC 的特点

PLC 具有以下特点。

（1）可靠性高，抗干扰能力强。一般平均无故障时间可达几十万到上千万小时，制成系统也可达 4 万～5 万小时，甚至更长时间。

（2）通用性强，使用方便。用户在硬件确定以后，生产工艺流程改变或生产设备更新的情况下，不必改变 PLC 的硬设备，只需改编程序就可以满足要求。因此，PLC 除应用于单机控制外，在工厂自动化中也被大量采用。

（3）功能强，适应面广。现在 PLC 不仅有逻辑运算、计时、计数、顺序控制等功能，还具有数字量和模拟量的输入/输出、功率驱动、通信、人机对话、自检、记录显示等功能。既可控制一台生产机械、一条生产线，又可控制一个生产过程。

（4）编程简单，容易掌握。目前，大多数 PLC 仍采用继电控制形式的"梯形图编程方式"，既继承了传统控制电路的清晰直观，又考虑到大多数企业电气技术人员的读图习惯及编程水平，非常容易接受和掌握。梯形图语言的编程元件的符号和表达方式与继电器控制电路原理图相当接近。通过阅读 PLC 的用户手册或短期培训，电气技术人员和技术工人很快就能学会用梯形图编制控制程序。同时，还提供了功能图、语句表等编程语言。

（5）减少了控制系统的设计及施工的工作量。由于 PLC 采用了软件来取代继电器控制系统中大量的中间继电器、时间继电器、计数器等器件，控制柜的设计、安装接线工作量大为减少。同时，PLC 的用户程序可以在实验室模拟调试，更减少了现场的调试工作量。

（6）体积小、重量轻、功耗低、维护方便。PLC 是将微电子技术应用于工业设备的产品，其结构紧凑，坚固，体积小，重量轻，功耗低。由于 PLC 的强抗干扰能力，易于装入设备内部，所以是实现机电一体化的理想控制设备。

三、PLC 的应用领域

目前，PLC 在国内外已广泛应用于钢铁、石油、化工、电力、建材、机械制造、汽车、轻纺、交通运输、环保及文化娱乐等各个行业，使用情况大致可归纳为如下六类。

（1）开关量的逻辑控制。这是 PLC 最基本、最广泛的应用领域，它取代传统的继电器电路，实现逻辑控制、顺序控制，既可用于单台设备的控制，也可用于多机群控及自动化流水线，如注塑机、印刷机、订书机械、组合机床、磨床、包装生产线、电镀流水线等。

（2）模拟量控制。在工业生产过程中，有许多连续变化的量，如温度、压力、流量、液位和速度等都是模拟量。为了使可编程控制器可处理模拟量，必须实现模拟量和数字量之间的模 / 数（A/D）转换及数 / 模（D/A）转换。PLC 厂家都生产配套的 A/D 和 D/A 转换模块，使可编程控制器用于模拟量控制。

（3）运动控制。PLC 可用于圆周运动或直线运动的控制。从控制机构配置来说，早期直接用于开关量 I/O 模块连接位置传感器和执行机构，现在一般使用专用的运动控制模块。如可驱动步进电机或伺服电机的单轴或多轴位置控制模块。世界上各主要 PLC 厂家的产品几乎都有运动控制功能，广泛用于各种机械、机床、机器人、电梯等场合。

（4）过程控制。过程控制是指对温度、压力、流量等模拟量的闭环控制。作为工业控制计算机，PLC 能编制各种各样的控制算法程序，完成闭环控制。比例—积分—微分（PID）调节是一般闭环控制系统中用得较多的调节方法。大中型 PLC 都有 PID 模块，目前许多小型 PLC 也具有此功能模块。PID 处理一般是运行专用的 PID 子程序。过程控制在冶金、化工、热处理、锅炉控制等场合有非常广泛的应用。

（5）数据处理。PLC 具有数学运算（含矩阵运算、函数运算、逻辑运算）、数据传送、数据转换、排序、查表、位操作等功能，可以完成数据的采集、分析及处理。这些数据可以与存储在存储器中的参考值比较，完成一定的控制操作，也可以利用通信功能传送到其他智能装置，或将它们打印制表。

（6）通信及联网。PLC 通信包含 PLC 间的通信及 PLC 与其他智能设备间的通信。随着计算机控制的发展，工厂自动化网络发展飞速，各 PLC 厂商都十分重视 PLC 的通信功能，纷纷推出各自的网络系统。新近生产的 PLC 都具有通信接口，通信非常方便。

第三节 PLC 的硬件安装与接线

PLC 是微机技术和控制技术相结合的产物，是一种以微处理器为核心的用于控制的特殊计算机，因此 PLC 的基本组成和一般的微机系统类似，都是由硬件和软件两大部分组成。PLC 的种类虽然繁多、性能各异，但在硬件组成原理上，几乎所有的 PLC 都具有相同或相似的结构。

一、PLC 的硬件组成

PLC 的硬件主要由中央处理器（CPU）、存储器、输入 / 输出（I/O）单元、通信接口、编程装置、电源等部分组成。其中，CPU 是 PLC 的核心，输入 / 输出（I/O）单元是连接现场输入 / 输出设备与 CPU 之间的接口电路，通信接口用于与编程器、上位计算机等外设连接。PLC 系统组成框图如图 1-43 所示。

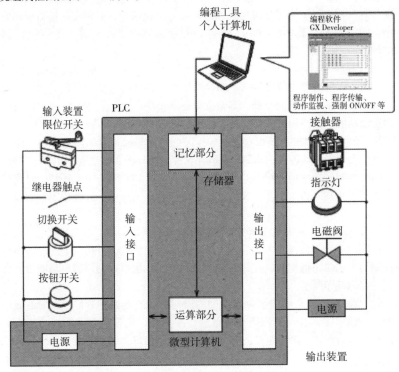

图 1-43 PLC 系统组成框图

（一）中央处理器（CPU）

CPU 是 PLC 的核心，PLC 中所配置的 CPU 随机型不同而不同，小型 PLC 大多采用 8 位通用微处理器和单片微处理器，中型 PLC 大多采用 16 位通用微处理器或单片微处理器，大型 PLC 大多采用高速位片式微处理器。

对于双 CPU 系统，一般一片为字处理器，采用 8 位或 16 位处理器；另一片为位处理器，采用由各厂家设计制造的专用芯片。字处理器为主处理器，用于执行编程器接口功能、监视内部定时器、监视扫描周期、处理字节指令及对系统总线和位处理器进行控制等。位处理器为从处理器,主要用于处理位操作指令和实现 PLC 编程语言向机器语言的转换。位处理器的采用,提高了 PLC 的速度,使 PLC 更好地满足实时控制要求。

总之,在 PLC 中 CPU 按系统程序赋予的功能,指挥 PLC 有条不紊地进行工作。归纳起来,主要包括以下几个方面。

(1)接收从编程器输入的用户程序和数据。

(2)诊断电源、PLC 内部电路的工作故障和编程中的语法错误等。

(3)通过输入接口接收现场的状态或数据,并存入输入映象寄存器或数据寄存器中。

(4)从存储器逐条读取用户程序,经过解释后执行。

(5)根据执行的结果,更新有关标志位的状态和输出映象寄存器的内容,通过输出单元实现输出控制。另外,有些 PLC 还具有制表打印或数据通信等功能。

(二)存储器

在 PLC 中,存储器主要用于存放系统程序、用户程序及工作数据。PLC 的存储器主要有可读/写操作的随机存储器(RAM)和只读存储器(ROM、PROM、EPROM 和 EEPROM)。

(三)输入/输出(I/O)单元

输入/输出(I/O)单元通常也称为输入/输出(I/O)模块,是 PLC 与工业生产现场之间的连接部件。PLC 通过输入接口可以检测被控对象的各种数据,以这些数据作为 PLC 对被控制对象进行控制的依据;同时 PLC 又通过输出接口将处理结果送给被控制对象,以实现控制目的。

由于外部输入设备和输出设备所需的信号电平是多种多样的,而 PLC 内部 CPU 的处理信息只能是标准电平,所以 I/O 接口要实现这种转换。I/O 接口一般具有光电隔离和滤波功能,以提高 PLC 的抗干扰能力。另外,I/O 接口上通常还有状态指示,工作状况直观,便于维护。

PLC 提供了多种操作电平和驱动能力的 I/O 接口,有各种各样功能的 I/O 接口供用户选用。I/O 接口的主要类型有数字量(开关量)输入/输出、模拟量输入/输出等。

(1)数字量(开关量)输入接口:按其使用电源的不同有直流输入接口、交流输入接口和交/直流输入接口三种类型。FX$_{2N}$ 输入规格如图 1-44 所示。

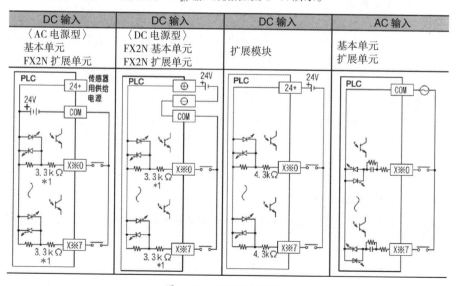

图 1-44 FX2N 输入规格

（2）数字量（开关量）输出接口：按输出开关器件不同有继电器输出、晶体管输出和双向晶闸管输出三种类型。FX$_{2N}$输出规格如图1-45所示。

继电器输出	可控硅输出	晶体管输出
FX2N 基本单元 扩展单元 扩展模块	FX2N 基本单元 扩展单元 扩展模块	① FX2N 基本单元、扩展单元 ② FX2N、FX0N 扩展模块 ③ FX2N-16EYT-C ④ FX0N-8EYT-H、FX2N-8EYT-H

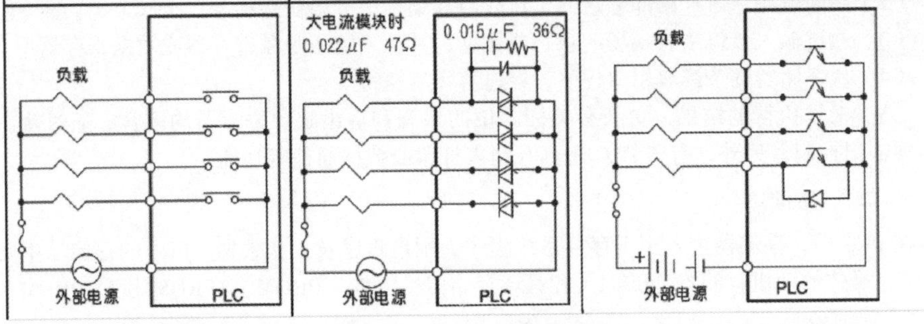

图 1-45　FX$_{2N}$ 输出规格

PLC 的 I/O 接口所能接收的输入信号个数和输出信号个数称为 PLC 输入/输出点数。I/O 点数是选择 PLC 的重要依据之一。当系统的 I/O 点数不够时，可通过 PLC 的 I/O 扩展接口对系统进行扩展。

（四）通信接口

PLC 配有各种通信接口，这些通信接口一般都带有通信处理器。PLC 通过这些通信接口可与监视器、打印机、其他 PLC、计算机等设备实现通信。PLC 与打印机连接，可将过程信息、系统参数等输出打印；与监视器连接，可将控制过程图像显示出来；与其他 PLC 连接，可组成多机系统或连成网络，实现更大规模控制；与计算机连接，可组成多级分布式控制系统，实现控制与管理相结合。

（五）编程装置

编程装置的作用是编辑、调试、输入用户程序，也可在线监控 PLC 内部状态和参数，与 PLC 进行人机对话。它是开发、应用、维护 PLC 不可缺少的工具。编程装置可以是专用编程器，也可以是配有专用编程软件包的通用计算机系统。专用编程器是由 PLC 厂家生产，专供该厂家生产的某些 PLC 产品使用，它主要由键盘、显示器和外存储器接插口等部件组成。

（六）电源

PLC 配有开关电源，以供内部电路使用。与普通电源相比，PLC 电源的稳定性好、抗干扰能力强。对电网提供的电源稳定性要求不高，一般允许电源电压在其额定值 ±15% 的范围内波动。

许多 PLC 还向外提供直流 24V 稳压电源，用于给外部传感器供电。

（七）其他外围设备

除了以上所述的部件和设备外，PLC 还有许多外部设备，如 EPROM 写入器、外存储器、人/机接口装置等。

二、PLC 的软件组成

PLC 的软件由系统程序和用户程序组成。

（一）系统程序

系统程序是每一台 PLC 必须包括的部分，它是由 PLC 制造厂商设计编写的，并存入 PLC 的系统存储器中，用户不能直接读写与更改。系统程序分为系统管理程序、用户指令解释程序、标准程序模块和系统调用子程序模块。

（二）用户程序

用户程序是 PLC 的使用者利用 PLC 的编程语言，根据控制要求编写的程序。它是用梯形图或者某种 PLC 指令的助记符编制而成，可以是梯形图、指令表、高级语言、汇编语言等，其助记符形式随 PLC 型号的不同而略有不同。以下是几种常见的 PLC 编程语言。

1. 梯形图

梯形图基本上沿用电气控制图的形式，采用的符号也大致相同。如图 1-46 所示，梯形图两侧的平行竖线为母线，其间为由许多触点和编程线圈组成的逻辑行。应用梯形图进行编程时，只要按梯形图逻辑行顺序输入到计算机中，计算机就可自动将梯形图转换成 PLC 能接受的机器语言，存入并执行。

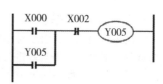

图 1-46 梯形图实例

在所有梯形图中，都是由左母线、右母线和逻辑行组成，每个逻辑行由各种等效继电器的触点串联或并联后和线圈连接组成。绘制梯形图时必须遵守以下原则：

（1）左母线只能直接接各类继电器的触点，继电器线圈不能直接接左母线。

（2）右母线只能直接接各类继电器的线圈，继电器的触点不能直接接右母线。

（3）一般情况下，同一编号线圈在梯形图中只能出现一次，而同一编号的触点在梯形图中可以重复出现。

（4）梯形图中触点可以任意地串联或并联，而线圈可以并联但不可以串联。

（5）梯形图应按照从左到右、从上到下的顺序绘制。

2. 指令表

指令表类似于计算机汇编语言的形式，用指令的助记符进行编程。它通过编程器按照指令表的指令顺序逐条写入 PLC 并可直接运行。指令表的指令助记符比较直观易懂，编程也很简单，便于工程人员掌握，因此得到了广泛应用。

语句是指令语句编程语言的基本单元，每个控制功能由一个或多个语句组成的程序来执行。每条语句规定可编程控制器中 CPU 如何动作。PLC 的指令有基本指令和功能指令之分。指令语句表和梯形图之间存在对应关系。

语句表实例：

步	指令	软元件编号
0000	LD	X000
0001	OR	Y005
0002	ANI	X002
0003	OUT	Y005
⋮	⋮	⋮

实例所给出的每一条指令都属于基本指令。基本指令一般由助记符和操作元件组成，助记符是每一条基本指令的符号（如 LD、OR、ANI、OUT 和 END），它表明了操作功能；操作元件是操作对象（如 X000、X001、Y000 简写成 X0、X1、Y0）。某些基本指令仅由助记符组成，如 END 指令。

三、PLC 的工作原理

PLC 用户程序采用循环扫描工作方式执行。PLC 对用户程序逐条顺序执行，直至程序结束，然后再从头进行扫描，周而复始，直至停止执行用户程序。PLC 有两种基本工作模式，即运行（RUN）模式和停止（STOP）模式，如图 1-47 所示。

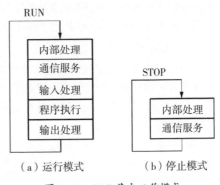

图 1-47　PLC 基本工作模式

（一）运行模式

在运行模式下，PLC 对用户程序的循环扫描过程一般分为 3 个阶段进行，即输入采样阶段、程序执行阶段和输出刷新阶段，如图 1-48 所示。

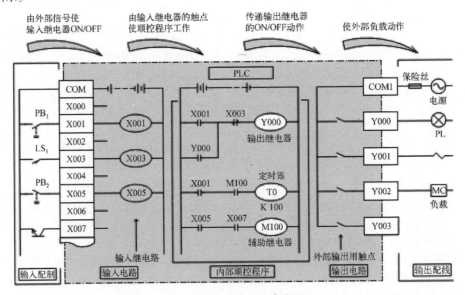

图 1-48　PLC 执行程序过程

（1）输入采样阶段：PLC 在此阶段，以扫描方式顺序读入所有输入端子的状态，即接通 / 断开（ON/OFF），并将其状态存入输入映象寄存器。接着转入程序执行阶段，在程序执行期间，即使输入状态发生变化，输入映象寄存器内容也不会变化，输入状态的变化只能在下一个扫描周期的输入采样阶段才被读入刷新。

（2）程序执行阶段：在程序执行阶段，PLC 对程序按顺序进行扫描。如果程序用梯形图表示，则总是按先上后下、从左向右的顺序进行扫描。每扫描一条指令时，所需的输入状态或其他元素的状态分别从输入映象寄存器和元素映象寄存器中读出，然后进行逻辑运算，并将运算结果写入元素映象寄存器中。也就是说，程序执行中元素映象寄存器内元素的状态可以被后面将要执行的程序所应用，它所寄存的内容也会随程序执行而变化。

（3）输出刷新阶段：又称输出处理阶段，在此阶段，PLC 将元素映象寄存器中所有输出继电器的状态即接通 / 断开，转存到输出锁存电路，再驱动被控对象（负载），这就是 PLC 的实际输出。

PLC 重复地执行上述 3 个阶段，这 3 个阶段也是分时完成的。为了连续地完成 PLC 所承担的工作，系统必须周而复始地依一定的顺序完成一系列的具体工作。这种工作方式称为循环扫描工作方式。PLC 执行一次扫描操作所需时间称为扫描周期，其典型值为 1 ~ 100ms。一般来说，一个扫描过程中执行指令的时间占了绝大部分。

（二）停止模式

在停止模式下，PLC 只进行内部处理和通信服务工作。在内部处理阶段，PLC 检查 CPU 模块内部的硬件是否正常，进行监控定时器复位工作。在通信服务阶段，PLC 与其他带 CPU 的智能装置通信。

由于 PLC 采用循环扫描工作方式，即对信息采用串行处理方式，这必然会带来输入 / 输出的响应滞后问题。

输入 / 输出滞后时间又称为系统响应时间，是指从 PLC 外部输入信号发生变化的时刻至它控制的有关外部输出信号发生变化的时刻的时间间隔。它由输入电路的滤波时间、输出模块的滞后时间和扫描工作方式产生的滞后时间三部分所组成。

输入模块的 RC 滤波电路用来滤除由输入端引入的干扰噪声，消除因外接输入触点动作时产生的抖动引起的不良影响，滤波电路的时间常数决定了输入滤波时间的长短，其典型值为 10 ms。

输出模块的滞后时间与模块开关元件的类型有关，继电器为 10 ms，晶体管型一般小于 1 ms，双向晶闸管型在负载通电时的滞后时间为 1 ms，负载由导通到断开时的最大滞后时间为 10 ms。

由扫描工作方式产生的滞后时间最多可达两个多扫描周期。

输入 / 输出滞后时间对于一般工业设备是完全允许的，但对于某些需要输出对输入做出快速响应的工业现场，可以采用快速响应模块、高速计数器模块以及中断处理等措施来尽量减少响应时间。

四、PLC 控制系统与继电—接触器逻辑控制系统的比较

（一）组成的器件

继电—接触器逻辑控制系统是由许多硬件继电器和接触器组成的，而 PLC 则是由许多"软继电器"组成的。传统的继电—接触器控制系统本来就有很强的抗干扰能力，但其用了大量的机械触点，物理性疲劳、尘埃的隔离性及电弧的影响，使系统可靠性大大地降低。如图 1-49 所示的继电—接触器逻辑控制系统实现电动机的单方向连续运行，就是通过接触器 KM 辅助常开触点实现自保的，一旦接触点变形或受尘埃的隔离性及电弧的影响，造成接触不良，将会影响电动

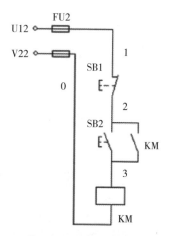

图 1-49　继电—接触器逻辑控制系统实现电动机的单方向连续运行控制电路

机的正常工作。而 PLC 采用无机械触点的逻辑运算微电子技术，复杂的控制由 PLC 内部运算器完成，故使用寿命长、可靠性高。

（二）触点数量

继电器和接触器的触点数比较少，一般只有 4 ~ 8 对，而 PLC 的"软继电器"可供编程的触点有无数对。

（三）控制方式

从图 1-49 可知，其逻辑控制系统是通过元件之间的硬件接线来实现的，在这种控制系统中，必须通过改变控制电路的接线，才能实现功能的转换。如将该线路的控制功能改成断续（点动）控制，必须将 KM 辅助常开触点和与其连接的 2 号线、3 号线拆除才可实现。

PLC 控制系统与继电—接触器逻辑控制系统有着本质的区别，它是通过软件编程来实现控制功能的，即它通过输入端子接收外部输入信号，接内部输入继电器；输出继电器的触点接到 PLC 的输出端子上，由事先编好的程序（梯形图）驱动，通过输出继电器触点的通断，实现对负载的功能控制。

图 1-50 所示是电动机单向连续运行控制的 PLC 等效控制系统框图。从图 1-50 中可以看出，当按下启动按钮 SB2 后，内部输入继电器 X1 的等效线圈接通（ON），程序（梯形图）中的 X1 的常开触点接通（ON），驱动内部输出继电器 Y0 工作，与输出端子相连的 Y0 常开触点接通（ON），使与输出端子相连的接触器 KM 获电动作；与此同时，在程序（梯形图）中的 Y0 的常开触点接通（ON）；当松开启动按钮 SB2 后，内部输入继电器 X1 的等效线圈失电（OFF），内部输出继电器 Y0 通过自己的常开触点保持得电，保证接触器 KM 线圈保持得电，起到类似接触器自锁的作用。

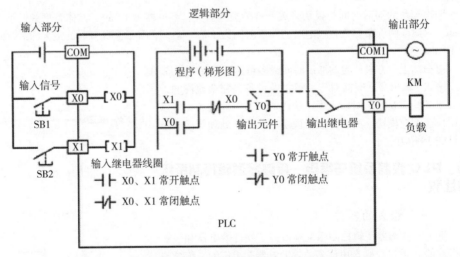

图 1-50　电动机单方向连续运行控制的 PLC 等效控制系统框图

需要停止时，按下停止按钮 SB1，内部输入继电器 X0 的等效线圈接通（ON），程序（梯形图）中的 X0 的常闭触点断开（ON），驱动内部输出继电器 Y0 停止工作，与输出端子相连的 Y0 常开触点断开（OFF），使与输出端子相连的接触器 KM 失电；与此同时，程序（梯形图）中的 Y0 常开触点断开（OFF）；当松开停止按钮 SB1 后，内部输入继电器 X0 的等效线圈失电（OFF），X0 的常闭触电复位（OFF）。

从上述控制过程中可以看到，PLC 控制系统实现电动机单方向连续运行，主要通过 PLC 的程序（梯形图）来驱动，如想将该线路的控制功能改成断续（点动）控制，只需修改原来的程序，不用改变外部接线即可实现，如去掉原程序（梯形图）中并联的 Y0 常开触点程序（OR Y0）就可实现。因此，PLC 控制系统具有只要改变控制程序，就可以改变功能控制的灵活特点。

（四）工作方式

在继电—接触器逻辑控制系统中，当电源接通时，线路中各继电器处于受制约状态。在 PLC 中，各"软继电器"都处于周期性循环扫描接通中，每个"软继电器"受制约接通的时间是短暂的。

五、FX2N 系列 PLC 硬件的安装与接线

（一）FX2N 系列 PLC 硬件的识别与安装

PLC 应安装在环境温度为 0 ～ 55℃，相对湿度大于 35% 小于 89%、无尘埃和油烟、无腐蚀性及可燃性气体的场合中。

PLC 的安装固定常有两种方式：一是直接利用机箱上的安装孔，用螺钉将机箱固定在控制柜的背板或面板上；二是利用 DIN 导轨安装，这需先将 DIN 导轨固定好，再将 PLC 及各种扩展单元卡上 DIN 导轨。安装时要注意在 PLC 周围留足散热及接线的空间。FX_{2N} 主机及扩展设备在 DIN 导轨上的安装如图 1-51 所示。

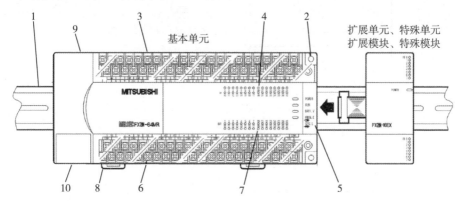

图 1-51　$FX2N$ 主机及扩展设备在 DIN 导轨上的安装

1-DIN 导轨；2-安装孔；3-电源、供给电源、输入信号用脱卸式端子排；4-输入口 LED 指示灯；
5-扩展单元、特殊单元、特殊模块接线插座盖板；6-输出用的脱卸式端子排；7-输出口指示灯；
8-DIN 导轨脱卸用卡扣；9-面板盖子；10-连接外围设备的接口、盖板。

（二）FX2N 系列 PLC 的接线

PLC 在工作前必须正确地接入控制系统，与 PLC 连接的主要有 PLC 的电源接线、输入 / 输出器件的接线、通信线和接地线等。

1. 电源接入及端子排列

PLC 基本单元的供电通常有两种情况：一是直接使用工频交流电，通过交流输入端子连接，对电压的要求比较宽松，100 ～ 250V 均可使用；二是采用外部直流开关电源供电，一般配有直流 24V 输入端子。采用交流供电的 PLC，机内自带直流 24V 内部电源，为输入器件及扩展模块供电。FX2N 系列 PLC 大多采用 AC 电源、DC 输入形式。

图 1-52 所示为 FX2N-48M 的 AC 电源、DC 输入型电源接线原理图。图 1-53 所示为其基本单元外形图，基本单元由内部电源、内部 CPU、内部输入 / 输出接口及程序存储器（RAM）组成，共有 5 个指示灯，分别为电源（POWER）指示灯、运行（RUN）指示灯、电池电压下降（RATT·V）指示灯、程序出错（PROG·E）指示闪烁灯及 CPU 出错（CPU·E）指示灯。上部端子排中标有 L 及 N 的接线位为交流电源相线及中性线的接入点，输入端子排及电源接线如图 1-54 所示。

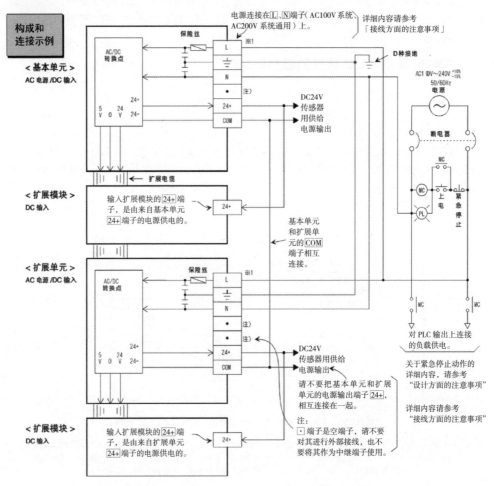

图 1-52　AC 电源、DC 输入型 PLC 电源接线原理图

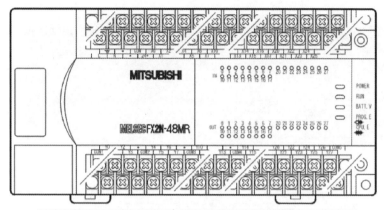

图 1-53 FX2N-48M 的基本单元外形图

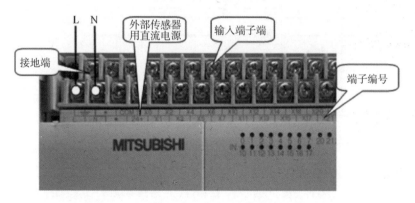

图 1-54 FX2N-48M 的输入端子排及电源接线

2. 输入口器件的接入

PLC 的输入口连接输入信号器件主要有开关、按钮及各种传感器，这些都是触点类型的器件。在接入 PLC 时，每个触电的两个接头分别连接一个输入点及输入公共端。PLC 的开关量输入接线点都是螺钉接入方式，每一位信号占用一个螺钉。图 1-55 中上部为输入端子，COM 端为公共端（输入公共端在某些 PLC 中是分组隔离的，在 FX_{2N} 中是连通的）。开关、按钮等都是无源器件，PLC 内部电源能为每个输入点提供大约 7mA 的工作电流。输入接线原理如图 1-56 所示。

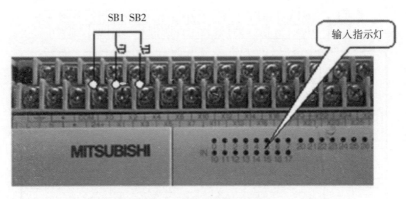

图 1-55 输入接线示意图

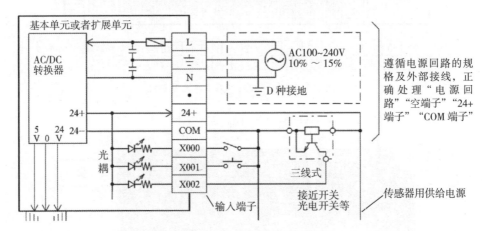

图 1-56 输入接线原理图

3. 输出口器件的接入

PLC 输出口连接的器件主要是继电器、接触器、电磁阀等线圈。这些器件均采用 PLC 机外的专用电源供电，PLC 内部只提供一组开关接点。接入时，线圈的一端接输出点螺钉，另一端经电源接输出公共端。图 1-57 所示中下部为输出端子，由于输出口连接线圈种类多，

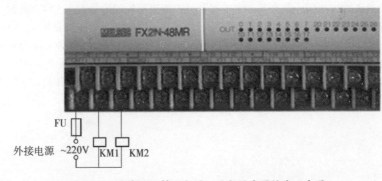

图 1-57 输出端子排及电源、继电器线圈接线示意图

所需的电源种类及电压不同，输出口公共端常为许多组，而且组间是隔离的。图 1-58 所示为 FX2N-48M 的输出端子排及电源和继电器线圈接线原理图。PLC 输出口的电源定额一般为 2A，大电流的执行器件必须配装中间继电器。

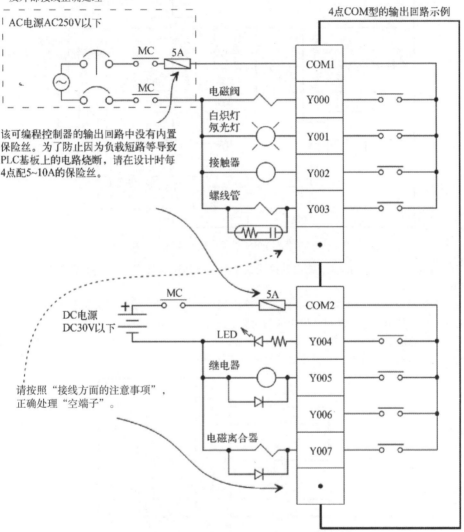

图 1-58　FX₂ₙ-48M 输出端子排及电源和继电器线圈接线原理图

（三）FX2N 系列 PLC 硬件的接线操作

将事先编好的程序分别下载到继电器输出型和晶体管输出型的 PLC 中，进行不同类型 PLC 的输入端和输出端的接线训练。

在进行 PLC 输入、输出器件的安装和使用过程中，时常会遇到如下问题：

（1）在进行三线制 NPN 型传感器的输入端接线安装时，将电源线和输出线接反。

① 后果及原因：若将电源线和输出线接反，将无法使输入端获取信号。这是因为三线制 NPN 型传感器输出的是低电平，接反将无法使输入端获取传感器输出的输入信号。

② 预防措施：在进行三线制 NPN 型传感器的输入端接线安装时，需将传感器输出低电平的一端接到 PLC 的输入端，另外两端分别接到 PLC 的电源上，如图 1-59 所示。

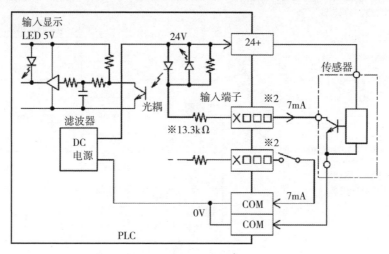

图 1-59　三线制 NPN 型传感器开关的输入端接线

（2）在进行 PLC 的多个输出端接线安装时，易将交流负载和直流负载的 COM 端混淆使用。

① 后果及原因：在进行 PLC 的多个输出端接线安装时，误将交流负载和直流负载的 COM 端混淆其用，将导致 PLC 输出端的内部电路损坏，严重时会损坏 PLC。

② 预防措施：在进行 PLC 的多个输出端接线安装时，应将交流负载和直流负载区分开来，分别接到不同的 COM 端上，其正确的接线方法如图 1-60 所示。

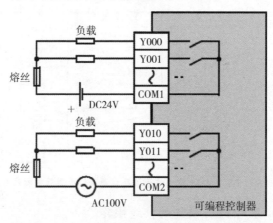

图 1-60　PLC 的多个输出端的接线

（3）在进行晶体管输出型 PLC 的输出端接线安装时，易将交流电源接入或将直流电源的极性接反。

① 后果及原因：若误将交流电源接入，将导致 PLC 输出端的内部电路损坏，严重时会

损坏 PLC；若将直流电源的极性接反，将导致直流负载无法被驱动。

② 预防措施：在进行晶体管输出型 PLC 的输出端接线安装时，直流电源的极性不能接反，并且只能驱动直流负载，其正确的接线方法如图 1-61 所示。

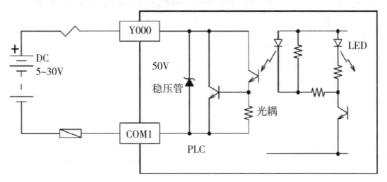

图 1-61 晶体管输出型 PLC 的输出端接线图

特 别 提 醒

单片机和可编程控制器的区别

单片机和 PLC 是电气自动化和机电一体化技术等专业的学生必学的两门课程，搞清两者的区别和联系，对学生的学习有很大帮助。

（1）PLC 是建立在单片机之上的产品，它自身就是一个复杂的嵌入式系统。单片机是一种集成电路，不过是一个芯片，两者不具有可比性。

（2）单片机可以构成各种各样的应用系统，从微型、小型到中型、大型都可以，PLC 是单片机应用系统的一个特例。

（3）不同厂家的 PLC 有相同的工作原理、类似的功能和指标，有一定的互换性，质量有保证，编程软件正朝标准化方向迈进。这正是 PLC 获得广泛应用的基础。而单片机应用系统则是功能千差万别，质量参差不齐，学习、使用和维护都很困难。

（4）PLC 和单片机最大的区别是 PLC 可靠性高、抗干扰能力强，适用于工业现场。电力系统中由于存在较大干扰，所以一般采用 PLC。单片机较便宜，且功能多，简单方便，一般家用较多，家用电器里基本都有单片机。而 PLC 是一台机器，由很多的单片机及外围接口做成，是电工用的"单片机"。

第二章 PLC 编程技术

第一节 PLC 编程基础

一、计算机基本语言

计算机中使用的都是二进制数，在 PLC 中，通常使用位、字节、字、双字来表示数据，它们占用的连续位数称为数据长度。

计算机数据表示名称见表 2-1。

表 2-1　计算机数据表示名称

名称	定义
位（bit）	二进制的一位，它是最基本的存储单位，只有"0"和"1"两种状态。在 PLC 中，一位可对应一个继电器，如某继电器线圈得电时，相应位的状态为"1"，继电器线圈失电或断开时，其相应位的状态为"0"
字节（Byte）	8 位二进制数构成一个字节，其中第 7 位为最高位（MSB），第 0 位为最低位（LSB）
字（Word）	两个字节构成一个字，在 PLC 中字又称为通道，一个字含 16 位，即一个通道由 16 个继电器组成
双字（Double Word）	两个字构成一个汉字，在 PLC 中它由 32 个继电器组成

二、PLC 等效电路

PLC 是在电器控制系统的基础上发展起来的，两者相比，PLC 的用户程序（软件）代替了继电器控制电路硬件，因此，对于使用者来说，可以将 PLC 等效成各种各样的"软继电器"和软接线的集合，而用户程序就是用软接线将"软继电器"及其触点按一定要求连接起来的控制电路。

图 2-1 为三相异步电动机单向起动运行的电器控制系统。其中，输入设备 SB1、SB2、FR 的触点构成系统的输入部分，由输出设备 KM 构成系统的输出部分。

如果用 PLC 来控制这台三相异步电动机，组成一个 PLC 系统，根据上述分析，系统主电路不变，只要将输入设备 SB1、SB2、FR 的触点与 PLC 的输入端连接，输出设备 KM 线圈与 PLC 的输出端连接，就构成 PLC 控制系统的输入、输出硬件线路。而控制部分的功能则由 PLC 的用户程序来实现。其等效电路图如图 2-2 所示。

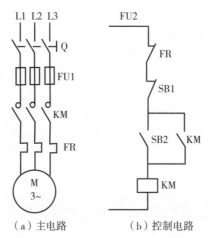

（a）主电路　　　（b）控制电路

图 2-1　三相异步电动机单向起动运行的电器控制系统

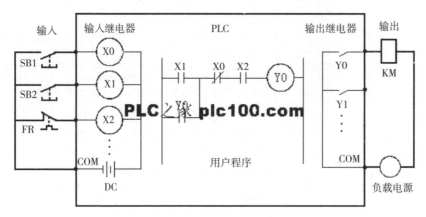

图 2-2　等效电路

图 2-2 中，输入设备 SB1、SB2、FR 与 PLC 内部的"软继电器" X0、X1、X2 的"线圈"对应，由输入设备控制相对应的"软继电器"的状态，即通过这些"软继电器"将外部输入设备状态变成 PLC 内部的状态，这类"软继电器"称为软继电器；同理，输出设备 KM 与PLC 内部的"软继电器" Y0 对应，由"软继电器" Y0 状态控制对应的输出设备 KM 的状态，即通过这些"软继电器"将 PLC 内部状态输出来控制外部输出设备，这类"软继电器"称为输出继电器。

因此，PLC 用户程序要实现的是如何用输入继电器 X0、X1、X2 来控制输出继电器 Y0。当控制要求复杂时程序中还要采用 PLC 内部的其他类型的"软继电器"。下面将具体介绍。

特别提醒

　　PLC 等效电路中的继电器并不是实际的物理继电器，它实质上是存储器单元的状态。单元状态为"1"，相当于继电器接通；单元状态为"0"，相当于继电器断开。因此，这些继电器被称为"软继电器"。

三、软元件（"软继电器"）

参与 PLC 应用程序编制的是可编控制器代表编程器件的存储器，俗称"软继电器"或编程软元件。可编程控制器中设有大量的编程"软元件"，依编程功能称为输入继电器、输出继电器、定时器、计数器等。由于"软继电器"实质为存储单元，取用它们的常开触点及常闭触点实质为读取存储单元的状态。

（一）软元件种类

下面以西门子 S7-200 系列的 PLC 为例介绍各种"软继电器"。在 S7-200 系列 PLC 中，对每种"软继电器"都用不同的字母表示（如 I 表示输入继电器，Q 表示输出继电器，M 表示辅助继电器等），并给予这些"软继电器"规定的编号，以便区别，具体见表 2-2。

表 2-2　各种"软继电器"

类别	定义及应用
输入继电器（I）	又称为输入映象寄存器，用于接收及存储输入端子的输入信号。机箱上每个输入端子都有一个输入继电器与之对应。输入信号通过隔离电路改变输入继电器的状态，一个输入继电器在存储区中占一位。输入继电器的状态不受程序的执行所左右。编址范围：I0.0 ~ I15.7
输出继电器（Q）	又称为输出映象寄存器，存储程序执行的结果。每个输出继电器在存储区中占一位，每一个输出继电器与一个输出口相对应。输出继电器通过隔离电路，将程序运算结果送到输出口并决定输出口所连接器件的工作状态。正常运行中输出继电器的状态只由程序的执行决定。而将 PLC 输出信号传递给负载，只能用程序指令驱动。程序控制能量流从输出继电器的线圈左端流入时，线圈通电（存储器位置 1），带动输出触点动作，使负载工作。负载又称为执行器（如接触器、电磁阀、LED 显示器等），连接到 PLC 输出模块的输出接线端子，由 PLC 控制执行器的起动和关闭。I/O 映象寄存器可以按位、字节、字或双字等方式编址。编址范围：Q0.0 ~ Q15.7
变量存储器（V）	主要用于模拟量控制，数据运算，设置参数等。 变量存储器可以按位为单位寻址，也可按字节、字、双字为单位寻址。其位存取的编号范围根据 CPU 的型号有所不同：CPU 221/222 为 V0.0 ~ V2047.7，CPU 224/226 为 V0.0 ~ V5119.7
辅助继电器（M）	主称为内部标志位，是 PLC 中数量较大的一种编程元件。它不直接接收外界信号，也不能用来直接驱动输出元件，作用类似于继电接触器电路中的中间继电器。辅助继电器常用来存放逻辑运算的中间结果。编址范围：M0.0 ~ M31.7 特殊辅助继电器是 PLC 中用于特殊用途的存储器。它可以作为用户与系统程序之间的界面，为用户提供一些特殊的控制功能及系统信息。用户操作的一些特殊要求也可以通过特殊辅助继电器通知系统。常用的特殊存储器位见表 2-3
定时器（T）	PLC 所提供的定时器作用相当于时间继电器。每个定时器可提供无数对动合和动断触点供编程使用。其设定时间由程序赋予。 每个定时器有一个 16 位的当前值寄存器用于存储定时器累计的时基增量值（1 ~ 32767），另有一个状态位表示定时器的状态。若当前值寄存器累计的时基增量值大于或等于设定值时，定时器的状态位被置 1（线圈得电），该定时器的触点转换。 定时器的定时精度分别为 1ms、10ms 和 100ms，CPU221、CPU222、CPU224 及 CPU226 的定时器编号范围均为 T0 ~ T255

续表

类别	定义及应用
计数器（C）	用于累计其计数输入端接收到的由断开到接通的脉冲个数。计数器可提供无数对动合触点和动断触点供编程使用，其设定值由程序赋予。 计数器的结构与定时器基本相同，每个计数器有一个 16 位的当前值寄存器用于存储计数器累计的脉冲数（1 ～ 32767），另有一个状态位表示计数器的状态。若当前值寄存器累计的脉冲数大于等于设定值时，计数器的状态位被置 1（线圈得电），该计数器的触点转换。计数器的编号范围为 C0 ～ C255
顺序控制继电器（S）	使用步进控制指令编程时的重要状态元件，通常与步进指令一起使用以实现顺序功能流程图的编程。顺序控制继电器的编号范围为 S0.0 ～ S31.7
局部存储器（L）	S7-200 有 64 个字节的局部存储器，其中 60 个可以作为暂时存储器或给子程序传递参数。如果用梯形图或功能块图编程，STEP7-MicroWIN32 保留这些局部存储器的后 4 个字节。如果用语句表编程，可以寻址所有 64 个字节，但是不要使用局部存储器的最后 4 个字节。 局部存储器可以按位为单位寻址，也可按字节、字、双字为单位寻址。其位存取的编号范围为 L0.0 ～ L63.7
累加器（AC）	累加器是可以像存储器那样使用的读 / 写单元。 累加器可采用字节、字、双字的存取方式。按字节、字只能存取累加器的低 8 位或低 16 位，双字存取全部的 32 位。CPU 提供了 4 个 32 位的累加器，其编号为 AC0 ～ AC3
高速计数器（HC）	一般计数器的计数频率受扫描周期的影响，不能太高。而高速计数器可用来累计比 CPU 的扫描速度更快的事件。 高速计数器的编号范围根据 CPU 的型号有所不同，CPU221/222 各有 4 个高速计数器，编号为 HC0、HC3、HC4、HC5；CPU224/226 各有 6 个高速计数器，编号为 HC0 ～ HC5
模拟量输入 / 输出（AI/AQ）	模拟量输入信号需经 A/D 转换后送入 PLC，而 PLC 的输出信号需经 D/A 转换后送出，即在 PLC 外为模拟量，在 PLC 内为数字量。在 PLC 内的数字量字长为 16 位，即两个字节，故其地址均以偶数表示，如 A1W0、AIW2…，AQW0、AQW2… 模拟量输入与输出的编号范围根据 CPU 的型号有所不同，CPU222 为 AIW0 ～ AIW30/AQW0 ～ AQW30，CPU224/226 为 AIW0 ～ AIW62/AQW0 ～ AQW62

表 2-3　常用特殊存储器位

SM0.0	该位始终为 1	SM1.0	操作结果为 0
SM0.1	首次扫描时为 1	SM1.1	结果溢出或非法值
SM0.2	保持数据丢失时为 1	SM1.2	结果为负数
SM0.3	开机进入 RUN 时为 1 一个扫描周期	SM1.3	被 0 除
SM0.4	时钟脉冲：30s 闭合 /30s 断开	SM1.4	超出表范围
SM0.5	时钟脉冲：0.5s 闭合 /0.5s 断开	SM1.5	空表
SM0.6	时钟脉冲：闭合 1 个扫描周期 / 断开 1 个扫描周期	SM1.6	BCD 到二进制转换出错
SM0.7	开关放置在 RUN 位置时为 1	SM1.7	ASCII 到十六进制转换出错

（二）"软元件"寻址

S7-200 内部元器件的功能相互独立，在数据存储器区中都有一个对应的地址，可依据存储器地址来存取数据，这称为寻址。

编程"软元件"的寻址涉及两个问题：一是某种可编程控制器设定的编程元件的类型及数量，不同厂、不同型号的 PLC 所含编程元件的类型、数量及命名标示法都可能不一样；二是该种 PLC 存储区的使用方式，即寻址方式。不同寻址方式的定义见表 2-4。

表 2-4　不同寻址方式

位 （bit） 寻址	位寻址是针对逻辑变量存储的寻址方式。地址中需指出存储器位于哪一个区，字节的编号及位号。右图为位寻址的例子，图（a）为位地址的表示方法，I3.4 在输入存储区中的位置已标明在图（b）中	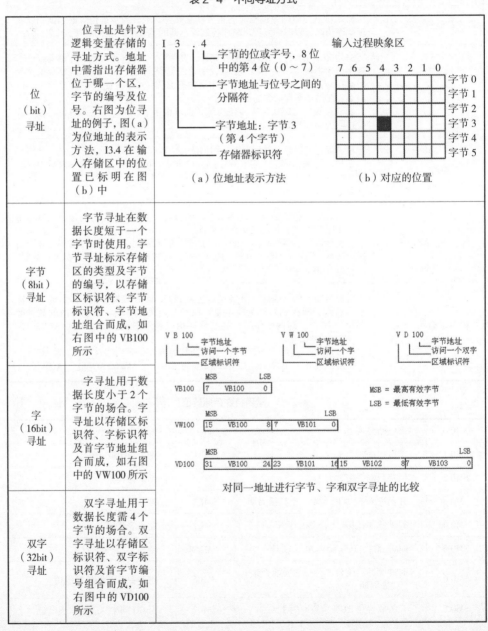
字节 （8bit） 寻址	字节寻址在数据长度短于一个字节时使用。字节寻址标示存储区的类型及字节的编号，以存储区标识符、字节标识符、字节地址组合而成，如右图中的 VB100 所示	
字 （16bit） 寻址	字寻址用于数据长度小于 2 个字节的场合。字寻址以存储区标识符、字标识符及首字节地址组合而成，如右图中的 VW100 所示	
双字 （32bit） 寻址	双字寻址用于数据长度需 4 个字节的场合。双字寻址以存储区标识符、双字标识符及首字节编号组合而成，如右图中的 VD100 所示	

特 别 提 醒

　　在选用了同一字节地址作为起始地址分别以字节、字及双字寻址时，其所表示的地址空间是不同的。表 2-4 中给出了 VB100、VW100、VD100 三种寻址方式所对应的三个存储单元所占的实际存储空间，这里要注意的是，"VB100"是最高有效字节，而且存储单元不可重复使用。

第二节　PLC 编程语言及相关指令

一、编程语言

PLC 编程语言多种多样，不同的 PLC 厂家、不同系列的 PLC 采用的编程语言不尽相同，常用的编程语言有梯形图、语句表、顺序功能图、逻辑功能图和高级语言。

（一）梯形图

梯形图语言是 PLC 程序设计中最常用的编程语言。它是在传统电器控制系统中常用的接触器、继电器等图形表达符号的基础上演变而来的，它与电器控制电路图相似，继承了传统电器控制逻辑中使用的框架结构、逻辑运算方式和输入 / 输出形式，具有形象、直观、实用的特点。图 2–3 为传统电器控制电路图与梯形图的对比。

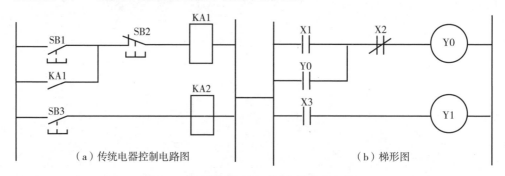

（a）传统电器控制电路图　　　　　　　　（b）梯形图

图 2–3　传统电器控制电路图与梯形图的对比

梯形图按自上而下、从左到右的顺序排列，最左边的竖线称为起始母线，也称左母线，然后按一定的控制要求和规则连接各个触点，最后以继电器线圈结束，称为一逻辑行。有的在最右边还加上一条竖线，这条竖线称为右母线。梯形图中的符号很多是由继电器控制电路转化而来的，如图 2–4 所示。

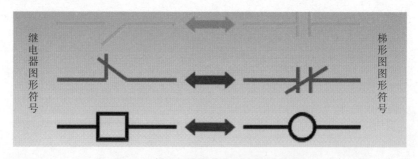

图 2–4　梯形图图形符号与继电器的对比

梯形图编程语言与原有的继电器控制的不同点是，梯形图中的电流不是实际意义的电流，内部的继电器也不是实际存在的继电器，应用时，需要与原有继电器控制的概念区别对待。

常见的梯形图符号如图 2-5 所示，每个接点和线圈均有相应的编号，对不同机型的 PLC 来说其编号方法不同。图 2-6 是用 OMRON 公司 C 系列 P 型机编号所编制的自保持电路梯形图，这里 0506 的接点与起动接点 0000 并联。当 0000 接通，0506 工作后，0506 线圈可由自己的接点保持；当 0001 接通时，0506 断开。

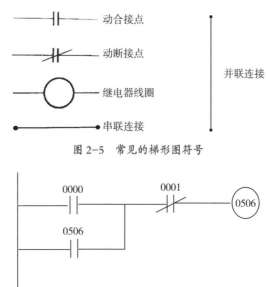

图 2-5　常见的梯形图符号

图 2-6　梯形图实例

（二）语句表

语句表语言是与汇编语言类似的一种助记符编程表达方式。语句表语言是编程语言常用的语言之一。梯形图虽然能清楚地描绘输入和输出之间的逻辑关系，但不能直接输入到 PLC 中，需通过编程语言把梯形图的内容输入到 PLC 中，编程语言是用 PLC 能够接收的特定符号，即助记符，也称为指令。在无计算机的情况下，适合采用 PLC 手持编程器对用户程序进行编制。同时，助记符编程语言与梯形图编程语言图一一对应，在 PLC 编程软件下可以相互转换。

常见的助记符与梯形图对应见表 2-5。

表 2-5　常见的助记符与梯形图对应

助记符	指令名称	功能特点	梯形图符号
LD	取信号指令	运行开始（动合触点）	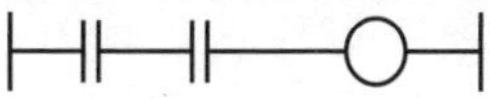
LDI	取信号"非"指令	运行开始（动断触点）	

助记符	指令名称	功能特点	梯形图符号
AND	与指令	串联连接(动合触点)	
ANI	与非指令	串联连接(动断触点)	
OR	或指令	并联连接(动合触点)	
ORI	或非指令	并联连接(动断触点)	
ANB	电路块与指令	电路块串联连接	
ORB	电路块或指令	电路块并联连接	
OUT	输出指令	线圈接通("得电")	
NOP	空指令	无操作	空格
SET	自锁指令	线圈接通并自锁	
RST	复位指令	线圈复位	
MPS	进栈指令	进入堆栈	
MRD	读栈指令	堆栈读出	
MPP	出栈指令	堆栈读出并复位	

特 别 提 醒

　　不同的 PLC 厂家使用的助记符不尽相同,所以同一梯形图写成对应的指令表语言也不尽相同。

　　在许多小型 PLC 产品中,没有 CRT 图形显示器,用户编制程序用一系列 PLC 的指令语句将控制逻辑和关系表达出来,并通过简易编程器将指令逐条键入 PLC 内存中。语句表程序实例如下:

```
步序号      指令      数据
0          LD        X1
1          OR        Y0
2          ANI       X2
3          OUT       Y0
4          LD        X3
5          OUT       Y1
```

由实例可知，语句是语句表程序的基本单元，语句由步序号、指令（操作码或助记符）、数据（操作数）三部分组成。其中，操作码为指定执行什么功能，操作数为指定执行某一功能操作所需要数据的所在地址及运算结果存放地址。

（三）顺序功能图

顺序功能图（Sequential Function Chart，SFC）又称状态转移图，是描述控制系统的控制过程、功能和特性的一种图形，也是设计 PLC 的顺序控制程序的有力工具。

顺序功能图又称顺序功能流程图，主要由步、转换条件、有向连线（路径）和转换组成，见表 2-6。

表 2-6　顺序功能图组成要素

要素	内容
步	将系统的一个工作周期划分成若干个顺序相连的阶段，这些阶段称为步。可用编程元件（中间继电器）来表示各步。 与系统的初始状态相对应的步称为初始步。初始状态一般是系统等待起动命令的相对静止状态。初始步用双线框表示，每一个顺序功能图至少应该有一个初始步。 当系统正处于某一步所在的阶段时，该步处于活动状态，该步称为活动步。步处于活动状态时，相应的动作被执行；处于不活动状态时，相应的非存储型动作被停止执行
转换条件	使系统由当前步转入下一步的信号称为转换条件。转换条件可能是外部输入信号（如按钮、指令开关、限位开关的接通/断开等），也可能是 PLC 内部产生的信号（如定时器、计数器触点的通断），还可能是上述多个信号的与、或、非逻辑组合
有向连线	在顺序功能图中，随着时间的推移和转换条件的实现，将会发生步的活动状态的进展，这种进展按有向连线规定的路线和方向进行。在画顺序功能图时，将代表各步的方框按它们成为活动步的先后次序排列，并用有向连线将它们连接起来。步的活动状态习惯的进展方向是从上到下或从左到右，在这两个方向有向连线上的箭头可以省略。如果不是上述的方向，应在有向连线上用箭头注明进展方向。为了更易于理解，在可以省略箭头的有向连线上加箭头
转换	转换用有向连线上与有向连线垂直的短画线来表示，转换将相邻两步分隔开。步的活动状态的进展是由转换的实现来完成的，并与控制过程的发展相对应

图 2-7、图 2-8 分别是顺序功能图和步进梯形图及指令表。图中用矩形方框表示步，方框中可以用数字表示该步的编号，也可以用代表该步的编程元件的地址作为步的编号，如 M0.0 等。

在图 2-7 中，PLC 一旦运行，SM0.1 的初始化脉冲信号使顺序控制继电器 S0.0 被置位。初始步变为活动步，程序开始执行 S0.0 对应的 SCR 段。由于 SM0.0 一直为接通状态，Q0.0 线圈得电。当 I0.0 闭合后，满足转换条件，SCRT 指令使 S0.1 被激活（S0.0 对应的 SCR 段自动复位），Q0.0 线圈失电，程序转为执行 S0.1 对应的 SCR 段，Q0.1 线圈得电；当 I0.1 闭合后，满足转换条件，SCRT 指令使 S0.2 被激活（S0.1 对应的 SCR 段自动复位），Q0.1 线圈失电，程序转为执行 S0.2 对应的 SCR 段，Q0.2 线圈得电。

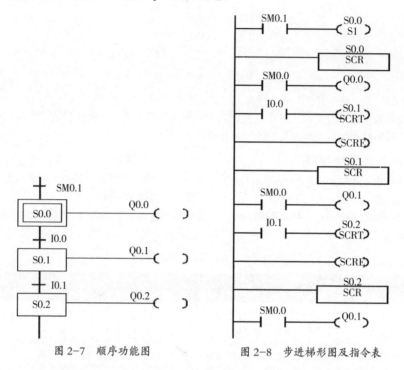

图 2-7　顺序功能图　　　　　　　图 2-8　步进梯形图及指令表

（四）逻辑功能图

由继电器、接触器组成的控制电路中，电器元件只有线圈通电与断电、触头闭合与断开两种状态。这两种不同的状态，可以用逻辑值来表示。也就是说，可以用逻辑代数来描述这些电器元件在电路中所处的状态和连接方法。

在逻辑代数中，用"1"和"0"各表示一种开关状态，同理，也可表示开关电器元件的逻辑状态。逻辑功能图是一种类似数字逻辑电路结构的编程语言，由与门、或门、非门、定时器、触发器等逻辑符号组成。一般用一个运算框图表示一种功能，框图内的符号表达了该框图的运算功能，控制逻辑常用"与""或""非"三种逻辑功能来表达，框的左侧为逻辑运算的输入变量，右侧为输出变量，信号自左向右流动。图 2-9 为逻辑功能图实例。

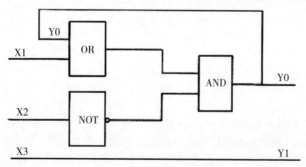

图 2-9　逻辑功能图实例

逻辑"与"即触头串联，也称逻辑"乘"或逻辑"积"，决定事物结果的全部条件同时都具备时，结果才会发生。

逻辑"或"即触头并联，也称逻辑"加"或逻辑"和"，在决定事物结果的各种条件中只要有任何一个满足，结果就会发生。

逻辑"非"即动断触头，也称逻辑"反"。事物某一条件具备了，结果不会发生；而此条件不具备时，结果反而会发生。

（五）高级语言

随着软件技术的发展，为了增加 PLC 的运算功能和数据处理能力，方便用户，许多大中型 PLC 已采用高级语言来编程，如 BASIC、C 语言等。它是采用计算机的描述语句来描述控制系统中的各种变量之间的各种运算关系，完成所需要的功能和操作。

二、S7-200 系列 PLC 编程指令

指令是 PLC 被告知要做什么，以及怎样去做的代码或符号，从本质上讲，指令只是一些二进制代码，这点 PLC 与计算机是完全相同的。同时 PLC 还有编译系统，它可以把一些文字符号或图形符号编译成机器码，所以用户看到的 PLC 指令一般不是机器码而是文字代码或图形符号。一个 PLC 常用的助记符语句、图形符号（如梯形图）等都可作为指令。

（一）基本指令

1. LD、LDN 和 = 指令

LD（Load）：动合触点与起始母线连接指令。每一个以动合触点开始的逻辑行（或电路块）均使用这一指令。

LDN（Load Not）：动断触点与起始母线连接指令。每一个以动断触点开始的逻辑行（或电路块）均使用这一指令。

=（Out）：线圈驱动指令。用于驱动各类继电器的线圈。

特别提醒

（1）LD 与 LDN 指令用于与起始母线相接的触点，也可与 OLD、ALD 指令配合，用于分支电路的起点。

（2）= 指令是驱动线圈的指令。用于驱动各类继电器的线圈，但梯形图中不应出现输入继电器的线圈。

（3）并行的 = 指令可以使用任意次，但不能串联使用。

2. A 和 AN 指令

A（And）：用于单个动合触点与前面的触点（或电路块）串联连接的指令。

AN（And Not）：用于单个动断触点与前面的触点（或电路块）串联连接的指令。

特 别 提 醒

　　A 和 AN 指令用于单个触点与前面的触点（或电路块）的串联（此时不能用 LD、LDN 指令），串联触点的次数不限，即该指令可多次重复使用。

3. O 和 ON 指令

0（Or）：用于单个动合触点与上面的触点（或电路块）并联连接的指令。

ON（Or Not）：用于单个动断触点与上面的触点（或电路块）并联连接的指令。

特 别 提 醒

　　（1）O 和 ON 是用于将单个触点与上面的触点（或电路块）并联连接的指令。

　　（2）O 和 ON 指令引起的并联是从 O 和 ON 一直并联到前面最近的母线上，并联的数量不受限制。

　　基本指令练习如图 2-10 所示。

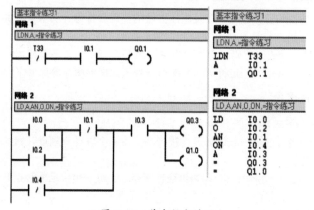

图 2-10　基本指令练习

4. OLD 指令

OLD（Or Load）：用于"串联电路块"的并联连接指令。

两个或两个以上触点串联的电路称作"串联电路块"。如图 2-11 所示，在并联连接这种"串联电路块"时用 OLD 指令。

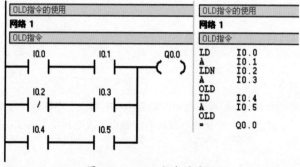

图 2-11　OLD 指令的使用

（1）并联连接"串联电路块"时用 OLD 指令。在支路起点用 LD 或 LDN 指令，在支路终点用 OLD 指令。

（2）用上述方法，如果将多个"串联电路块"并联连接，则并联连接的电路块的个数不受限制。

（3）OLD 指令是一条独立的指令，无操作数。

5. ALD 指令

ALD（And load）：用于"并联电路块"的串联连接指令。

两个或两个以上触点并联的电路称作"并联电路块"。如图 2-12 所示，将"并联电路块"与前面电路串联连接时用 ALD 指令。

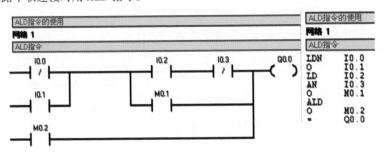

图 2-12　ALD 指令的使用

（1）将"并联电路块"与前面电路串联连接时用 ALD 指令。"并联电路块"始端用 LD 或 LDN 指令（使用 LD 或 LDN 指令生成一条新母线），完成并联电路组块后使用 ALD 指令将"并联电路块"与前面电路串联连接（使用 ALD 指令后新母线自动终结）。

（2）用上述方法，如果多个"并联电路块"顺次以 ALD 指令与前面电路连接，ALD 的使用次数就可以不受限制。

（3）ALD 指令是一条独立的指令，无操作数。

（二）定时器指令

在传统继电器—交流接触器控制系统中，一般使用时间继电器进行定时，通过调节延时调节螺丝来设定延时时间。在 PLC 控制系统中，通过内部软继电器——定时器来进行定时操作。PLC 内部定时器是 PLC 中最常用的元器件之一，用好、用对定时器对 PLC 程序设计非常重要。

S7-200 系列 PLC 定时器用"T"表示，它是对内部时钟累计时间增量计时的，T0 ～ T255 共 256 个增量型定时器。

1. 定时器的分类

（1）按工作方式分类。S7-200 系列 PLC 的定时器按工作方式可分为延时接通定时器

（TON）、延时断开定时器（TOF）和保持型延时接通定时器（TONR）三种类型，见表 2-7。

表 2-7　定时器的工作方式

类型	LAD	STL
延时接通定时器	???? IN　TON ????-PT　??? ms	TON Txxx, PT
延时断开定时器	???? IN　TOF ????-PT　??? ms	TOF Txxx, PT
保持型延时接通定时器	???? IN　TONR ????-PT　??? ms	TONR Txxx, PT

注：表中 Txxx 为定时器的编号，PT 为设定值。

（2）按时基不同分类。按时基脉冲又可分为 1ms、10ms、100ms 三种，相关的具体参数见表 2-8。

表 2-8　定时器编号

定时器	时基 /ms	最大定时时间 /s	定时器编号
TONR	1	32.767	T0，T64
	10	327.67	T1 ～ T4，T65 ～ T68
	100	3276.7	T5 ～ T31，T69 ～ T95
TON ／ TOF	1	32.767	T32，T96
	10	327.67	T33 ～ T36，T97 ～ T100
	100	3276.7	T37 ～ T63、T101 ～ T255

特 别 提 醒

定时器的设定时间等于设定值与时基的乘积。

2. 功能

每个定时器均有一个 16 位的当前值寄存器，用来存放当前值；有一个状态位，反映其触点的状态。若当前值寄存器累计大于或等于时基增量设定值时，定时器的状态为置1，该定时器的触点转换。

⑤⑥⑦

定时器的当前值、设定值均为16位有符号整数（INT），允许的最大值为32767。除了常数外，还可以用VW、IW等作为它们的设定值。

（1）延时接通定时器。延时接通定时器的应用如图2-13所示。图中T37的定时器是时基脉冲为100ms的延时接通定时器；IN端为输入端，用于连接驱动定时器线圈的信号；PT端为设定端，用于标定定时器的设定值。

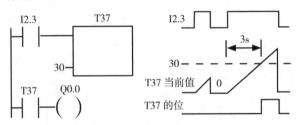

图2-13　延时接通定时器

定时器T37的工作过程：当连接于IN端的I2.3触点闭合时，T37开始计时（数时基脉冲），当前值逐步增长；当时间累计值（时基 × 脉冲数）达设定值PT（100ms×30=3s）时，定时器的状态位变为ON（线圈得电），T37的动合触点闭合，输出继电器Q0.0线圈得电（此时当前值仍增长，但不影响状态位的变化）；当连接于IN端的I2.3触点断开时，状态位变为OFF（线圈失电），T37触点断开，Q0.0线圈失电，且T37当前值清零。若I2.3触点的接通时间未到设定值就断开，则T37跟随复位，Q0.0不会有输出。

特别提醒

连接定时器IN端信号触点的接通时间必须大于等于其设定值，这样定时器的触点才会转换。

（2）延时断开定时器。延时断开定时器的应用如图2-14所示。

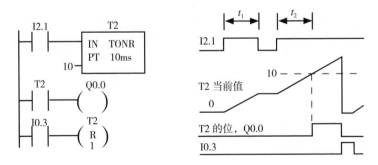

图2-14　延时断开定时器

IN 输入端的输入电路接通时，定时器 T33 的位变为 ON，T37 的动合触点闭合，输出继电器 Q0.0 线圈得电，当前值被清零。输入电路断开后，开始定时，当前值从 0 开始增大。当前值等于设定值时，T33 的位变为 OFF，T33 触点断开，Q0.0 线圈失电，当前值保持不变，直到输入电路接通。断开延时定时器用于设备停机后的延时，如大型电动机的冷却风扇的延时。

特别提醒

（1）TOF 与 TON 不能共享相同的定时器号，如不能同时对 T37 使用指令 TON 和 TOF。

（2）连接定时器 IN 端信号触点的断开时间必须大于或等于其设定值，这样定时器的触点才会转换。

（3）保持型延时接通定时器。保持型延时接通定时器 TONR 的应用如图 2-15 所示。

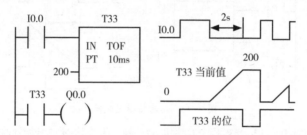

图 2-15　保持型延时接通定时器

IN 输入端的输入电路接通时，开始定时。当前值大于或等于 PT 端指定的设定值时，定时器位变为 ON。达到设定值后，当前值仍然继续计数，直到最大值 32767。

输入电路断开时，当前值保持不变。可以用 TONR 来累计输入电路接通的若干个时间间隔。图 2-14 中的时间间隔 $t_1+t_2 \geq 100ms$ 时，10ms 定时器 T2 的定时器位变为 ON。

特别提醒

只能用复位指令（R）来复位 TONR，使它的当前值变为 0，同时使定时器位变为 OFF。

（三）堆栈指令

在 S7-200 系列 PLC 中采用了模拟堆栈的结构，用来保存逻辑运算结果及断点的地址，这种堆栈称为逻辑堆栈。S7-200 系列有一个 9 层的堆栈。常见的堆栈指令有逻辑进栈指令（Logic Push，LPS）、逻辑读栈指令（Logic Read，LRD）和逻辑出栈指令（Logic Pop，LPP）。堆栈指令及使用方法见表 2-9。

表 2-9 堆栈指令及使用方法

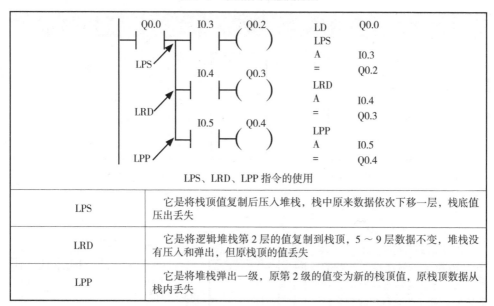

LPS、LRD、LPP 指令的使用

LPS	它是将栈顶值复制后压入堆栈，栈中原来数据依次下移一层，栈底值压出丢失
LRD	它是将逻辑堆栈第 2 层的值复制到栈顶，5 ～ 9 层数据不变，堆栈没有压入和弹出，但原栈顶的值丢失
LPP	它是将堆栈弹出一级，原第 2 级的值变为新的栈顶值，原栈顶数据从栈内丢失

特别提醒

（1）逻辑堆栈指令可以嵌套使用，最多 9 层。

（2）逻辑进栈指令和逻辑出栈指令必须成对使用，最先使用逻辑进栈指令，最后一次读栈操作应使用逻辑出栈指令。

（3）堆栈指令没有操作数。

（四）计数器指令

S7-200 系列 PLC 的计数器按工作方式可分为加计数器（CTU）、减计数器（CTD）和加 / 减计数器（CTUD）等类型，见表 2-10。

表 2-10 定时器的工作方式

类型	LAD	STL
加计数器	???? CU CTU R ????-PV	CTU Cxxx，PV
减计数器	???? CD CTD LD ????-PV	CTD Cxxx，PV

续表

类型	LAD	STL
加 / 减计数器	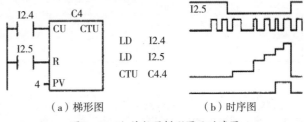	CTUD Cxxx, PV

注：CU—加计数器输入端；CD—减计数器输入端；R—加计数器复位输入端；LD—加计数器复位输入端；PV—设定值。

1. CTU：加计数器

加计数器 C4 的工作过程如图 2-16 所示，当连接于 R 端的 I2.5 动合触点为断开状态时，计数脉冲有效。此时每接收到来自 CU 端的 I2.4 触点由断到通的信号，计数器的值即加 1 成为当前值，直至计数最大值 32767；当计数器的当前值大于或等于 PV

（a）梯形图	（b）时序图

图 2-16　加计数器梯形图及时序图

（设定值）4 时，计数器 C4 的状态位被置 1（线圈得电），C4 的触点转换；当连接于 R 端的 I2.5 触点接通时，C4 状态位置 0（线圈失电），C4 触点回复原始状态，当前值清零。

2. CTD：减计数器

减计数器 C5 的工作过程如图 2-17 所示，当连接于 LD 端的 I2.5 动合触点为断开状态时，计数脉冲有效。此时每接收到来自 CD 端的 I2.4 触点由断到通的信号，计数器的值即减 1 成为当前值；当计数器的当前值减为 0 时，计数器 C5 的状态位被置 1（线圈得电），C5 的触点转换，Q0.0 线圈得电；当连接于 LD 端的 I2.5 触点接通时，C5 状态位置 0（线圈失电），C5 触点回复原始状态，Q0.0 线圈失电，当前值恢复为设定值。

3. CTUO 加 / 减计数器

加 / 减计数器 C50 的工作过程如图 2-18 所示，当连接于 R 端的 I0.3 动合触点为断开状态时，计数脉冲有效。此时每接收到来自 CU 端 I0.1 触点由断到通的信号，计数器的当前值即加 1，而每接收到来自 CD 端 I0.2 触点由断到通的信号，计数器的当前值即减 1；当计数器的当前值大于或等于设定值 4 时，计数器 C50 的状态位被置 1（线圈得电、触点转换）；当连接于 R 端的 I0.3 触点接通时，C50 状态位置 0（线圈失电、触点回复原始状态），当前值清零。

加 / 减计数器的计数范围为 -32767 ~ 32767，当前值为最大值 32767 时，下一个 CU 端输入脉冲使当前值变为最小值 -32767，当前值为最小值 -32768 时，下一个 CD 端输入脉冲使当前值变为最大值 32767。

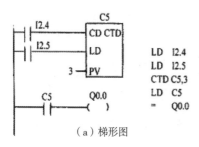

LD I2.4
LD I2.5
CTD C5,3
LD C5
= Q0.0

（a）梯形图

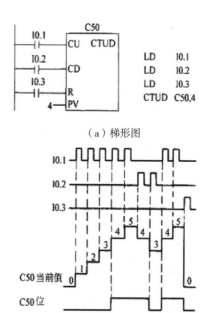

LD I0.1
LD I0.2
LD I0.3
CTUD C50,4

（a）梯形图

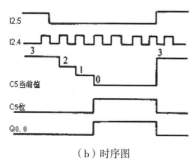

（b）时序图

图 2-17 减计数器梯形图及时序图

（b）时序图

图 2-18 加 / 减计数器梯形图及时序图

特 别 提 醒

不同类型的计数器不能共用同一编号。

（五）置位 / 复位指令

S（Set）：置位（置1）指令。
R（Reset）：复位（置0）指令。
置位和复位指令的格式见表 2-11。

表 2-11 置位和复位指令格式

指令	LAD	STL	功能说明
置位	bit —(S) N	S bit, N	输入有效后从起始位 bit 开始的 N 位置 1，并保持
复位	bit —(R) N	R bit, N	输入有效后从起始位 bit 开始的 N 位清 0，并保持

注：N 的取值范围为 1 ～ 255。

图 2-19 为 S、R 指令的使用。其中 N=1，I0.0 一旦接通，即使再断开，Q0.0 仍保持接通；I0.1 一旦接通，即使再断开，Q0.0 仍保持断开。

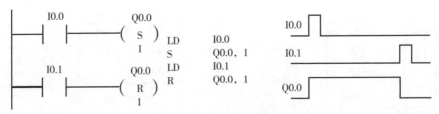

图 2-19　S、R 指令的使用

特 别 提 醒

（1）S、R 指令具有"记忆"功能。当使用 S 指令时，其线圈具有自保持功能；当使用 R 指令时，自保持功能消失。其工作状态如图 2-20 所示。

（2）S、R 指令的编写顺序可任意安排，但当一对 S、R 指令被同时接通时，编写顺序在后的指令执行有效，如图 2-20 所示。

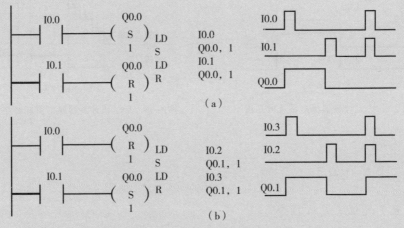

图 2-20　S/R 指令的使用

（3）如果被指定复位的是定时器或计数器，将定时器或计数器的当前值清零。

（4）为了保证程序的可靠运行，S、R 指令的驱动通常采用短脉冲信号。

（六）脉冲生成指令

EU（Edge up）：正跳变触发指令。

ED（Edge Down）：负跳变触发指令。

EU 和 ED 指令格式见表 2-12。

表 2-12　EU 和 ED 指令格式

指令	LAD	STL	功能说明
正跳变	─┤P├─	EU	某操作数出现由 0 到 1 的上升沿时，使触点闭合形成一个扫描周期的脉冲，驱动后面的输出线圈
负跳变	─┤N├─	ED	某操作数出现由 1 到 0 的下降沿时，使触点闭合形成一个扫描周期的脉冲，驱动后面的输出线圈

图 2-21 为 EU 和 ED 指令的使用。从时序图可以清楚地看到：EU 指令检测到触点 I0.0 状态变化的上升沿时，M0.0 接通一个扫描周期，Q0.0 线圈保持接通状态；ED 指令检测到触点 I0.1 状态变化的下降沿时，M0.1 接通一个扫描周期，Q0.0 线圈保持断开状态。

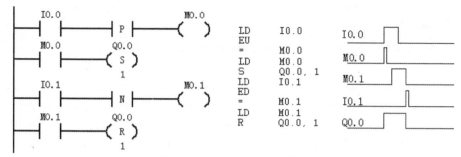

图 2-21 EU、ED 指令的使用

（七）取反和空操作指令

NOT：逻辑结果取反指令，将它左边电路的逻辑运算结果取反，此指令无操作数。

NOP：空操作指令，在程序中并不进行任何操作，对程序没有实质影响，操作数 N 为 $0 \sim 255$。

（八）功能指令

功能指令又称为应用指令，是指位逻辑指令、定时器指令、计数器指令以外的指令，是指令系统中应用于复杂控制的指令。下面主要介绍程序控制指令、数据处理指令。

1. 程序控制指令

程序控制指令用于程序运行状态的控制，主要包括系统控制、跳转、循环、子程序调用等指令。

（1）结束（END/MEND）指令。梯形图结束指令直接连在左侧电源母线时，为无条件结束指令（MEND）；未连在左侧母线时，为条件结束（END）指令。

条件结束指令在使能输入有效时，终止用户程序的执行，返回主程序的第一条指令执行（循环扫描工作方式）。

无条件结束指令执行时（指令直接连在左侧母线，无使能输入），立即终止用户程序的执行，返回主程序的第一条指令执行。

（2）停止（STOP）指令。该指令的功能：使能输入有效时，立即终止程序的执行。指令执行的结果是 CPU 的工作方式由 RUN 切换到 STOP 模式。在中断程序中执行 STOP 指令，该中断立即终止，并且忽略所有挂起的中断，继续扫描程序的剩余部分，在本次扫描的最后，将 CPU 由 RUN 切换到 STOP。

特 别 提 醒

　　停止指令可以应用在主程序、子程序和中断程序中。

　　（3）看门狗复位（WDR）指令。看门狗定时器有一设定的重启动时间，若程序扫描周期超过 300ms，最好使用看门狗复位指令重新触发看门狗定时器，可以增加一次扫描时间。

　　工作原理：使能输入有效时，将看门狗定时器复位。如果没有看门狗，在出现错误的情况下，可以增加一次扫描允许的时间。若使能输入无效，看门狗定时器定时时间到，则程序将中止当前指令的执行，重新启动，返回到第一条指令重新执行。

特 别 提 醒

　　使用 WDR 指令时，要防止过渡延迟扫描完成时间，否则，在终止本扫描之前，下列操作过程将被禁止（不予执行）：通信（自由端口方式除外）、I/O 更新（立即 I/O 除外）、强制更新、SM 更新（SM0，SM5 ~ SM29 不能被更新）、运行时间诊断、中断程序中的 STOP 指令。如果扫描时间超过 25s，那么 10ms 和 100ms 定时器将不能正确计时。

　　图 2-22 为停止、条件结束、看门狗指令应用举例。

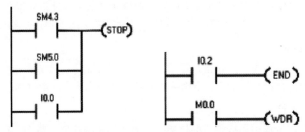

图 2-22　停止、条件结束、看门狗指令应用举例

　　（4）循环指令。程序循环结构用于描述一段程序的重复循环执行。由 FOR 和 NEXT 两条指令构成程序的循环体，FOR 指令标记循环的开始，NEXT 指令为循环体的结束指令。

　　FOR 指令为指令盒格式，主要参数有使能输入（EN）、当前值计数器（INDX）、循环次数初始值（INIT）、循环计数终值（FINAL）。FOR 指令、NEXT 指令在 LAD 中的梯形图如图 2-23 所示。

　　NEXT 指令用以循环的结束，并将堆栈顶值设为 1。

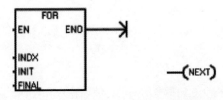

图 2-23　FOR 指令、NEXT 指令

  循环指令是执行 FOR 和 NEXT 之间的指令，两条指令必须成对使用，循环可以嵌套，最多为 8 层。

  循环指令的工作原理：使能输入有效时，循环体开始执行，执行到 NEXT 指令时返回。每执行一次循环体，当前计数器 INDX 增 1，达到终值 FINAL 时，循环结束。

  使能输入无效时，循环体程序不执行。每次使能输入有效，指令自动将各参数复位。在 FOR 和 NEXT 循环中放置一个 FOR/NEXT 循环，称为嵌套深度，最多可达 8 层。使能输入重新有效时，指令自动将各参数复位。

  （5）跳转与标号指令。跳转与标号指令可以提高 PLC 程序的灵活性和智能性，根据对不同条件的判断，选择不同程序段执行。跳转 JMP 指令和标号 LBL 指令应配合使用。

  跳转 JMP 指令，对程序中的指定标号（n）执行分支操作。跳转接受时，堆栈顶值始终为逻辑 1。

  标号 LBL 指令，标记跳转目的地（n）的位置。在 LAD 中的梯形图如图 2-24 所示，（n）为 0 ~ 255 的常数。

图 2-24 跳转指令、标号指令

  可以在主程序、子程序或中断程序中使用跳转指令。跳转及其对应的标号指令必须始终位于相同的代码段中（主程序、子程序或中断例行程序）。不能从主程序跳转至子程序或中断程序中，与此相似，也不能从子程序或中断程序跳转至该子程序或中断程序之外。

  例：设 I0.0 为点动 / 自锁控制选择开关，当 I0.0 得电时选择点动控制，当 I0.0 不得电时选择自锁运行控制。梯形图控制程序如图 2-25 所示。

  2. 数据处理指令

  PLC 的数据处理功能主要涉及对数据的非数值运算类操作，包括数据的比较、传送、移位、转换等指令。PLC 通过这些数据处理功能，可方便地对生产线上的数据进行采集、分析和处理，进而实现对具有数据要求的各种生产过程的自动控制。

  （1）比较指令。

  比较指令用于两个操作数按一定条件进行比较。操作数可以是整数，也可以是实数（浮点数）。在梯形图中用带参数和运算符的触点表示比较指令，比较条件满足时，触点闭合，否则断开。梯形图程序中，比较触点可以装入，也可以串、并联。比较指令的格式举例见表 2-13。

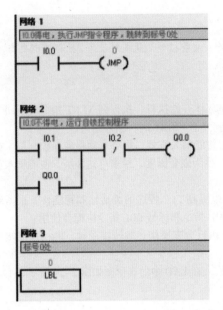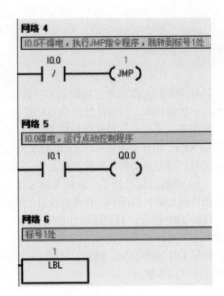

图 2-25 梯形图控制程序

表 2-13 比较指令的格式举例

LAD	STL	功能
IN1 ⊣==B⊢ IN2	LDB=IN1，IN2 AB=IN1，IN2 OB=IN1，IN2	操作数 IN1 和 IN2（整数）比较

表 2-13 中给出了梯形图字节相等比较的符号，比较指令的其他比较关系和操作数类型说明如下：

比较运算符：==、<=、>=、<、>、<>。

操作数类型：字节比较 B（无符号整数）。

整数比较 I/W（有符号整数）。

双字比较 D（有符号整数）。

字数比较 R（有符号双字浮点数）。

特 别 提 醒

不同的操作数类型和比较运算关系，可分别构成各种字节、字、双字和实数比较运算指令。

整数（16 位有符号整数）比较指令应用程序如图 2-26 所示。

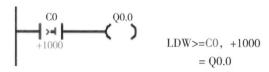

$$LDW{>}{=}C0, +1000$$
$$= Q0.0$$

图 2-26 比较指令应用程序

图 2-26 中，计数器 C0 的当前值大于或等于 1000 时，输出线圈 Q0.0 得电。

（2）数据传送指令。

数据传送类指令有字节、字、双字和实数的单个传送指令，还有以字节、字、双字为单位的数据块的成组传送指令，用来实现各存储器单元之间数据的传送和复制。

① 单个数据传送。

单个数据传送指令一次完成一个字节、字或双字的传送。其指令格式举例见表 2-14。

表 2-14 比较指令的格式举例

LAD			STL	功能
MOV_B EN END IN OUT ???? ????	MOV_W EN END IN OUT ???? ????	MOV_DW EN END IN OUT ???? ????	MOV IN, OUT	IN=OUT

功能：使能流输入有效时，把一个输入单字节无符号数、单字节或双字长符号数送到 OUT 指定的存储器单元输出。

数据类型分别为 B、W、DW。

② 数据块传送。数据块传送指令一次可完成 N 个数据的成组传送。其指令类型有字节、字或双字等三种。其格式和功能见表 2-15。

表 2-15 数据块传送指令的格式和功能

LAD			功能
BLKMOV_B EN ENO ????-IN OUT-???? ????-N	BLKMOV_W EN ENO ????-IN OUT-???? ????-N	BLKMOV_D EN ENO ????-IN OUT-???? ????-N	字节、字和双字块传送

字节的数据块传送指令功能：使能输入 EN 有效时，把从输入字节 IN 开始的 N 个字节数据传送到以输出字节 OUT 开始的 N 个字节中。

字的数据块传送指令功能：使能输入 EN 有效时，把从输入字 IN 开始的 N 个字的数据传送到以输出字 OUT 开始的 N 个字的存储区中。

双字的数据块传送指令功能：使能输入 EN 有效时，把从输入双字 IN 开始的 N 个双字的数据传送到以输出双字 OUT 开始的 N 个双字的存储区中。

③ 传送指令的数据类型。

IN、OUT 操作数的数据类型分别为 B、W、DW；N（BYTE）的数据范围为 0～255。

例如，将变量存储器 VW100 中的内容送到 VW200 中，程序见图 2-27。

LD I0.0 // 使能输入
MOVW VW100，VW200 // VW100=VW200

图 2-27 程序

（3）移位指令。

移位指令分为左、右移位和循环左、右移位及寄存器移位三大类。两类移位指令按移位数据的长度又分为字节型、字型、双字型三种。移位指令的最大移位位数 $N<$ 数据类型（B、W、D）对应的位数，移位位数（次数）N 为字节型数据。

① 左、右移位指令。左、右移位数据存储一单元与 SM1.1（溢出）端相连，移出位被放到特殊标志存储器 SM1.1 位。移位数据存储单元的另一端补 0。移位指令的格式和功能见表 2-16。

表 2-16 移位指令的格式和功能

LAD			功能
SHL_B EN　ENO ????-IN　OUT-???? ????-N	SHL_W EN　ENO ????-IN　OUT-???? ????-N	SHL_DW EN　ENO ????-IN　OUT-???? ????-N	字节、字和双字左移
SHR_B EN　ENO ????-IN　OUT-???? ????-N	SHR_W EN　ENO ????-IN　OUT-???? ????-N	SHR_DW EN　ENO ????-IN　OUT-???? ????-N	字节、字和双字右移

左移位（SHL）指令的功能：使能输入有效时，将输入的字节、字或双字 IN 左移 N 位后（右端补 0），将结果输出到 OUT 所指定的存储单元中，并将最后一次移出位保存在 SM1.1。

右移位（SHR）指令的功能：使能输入有效时，将输入的字节、字或双字 IN 右移 N 位后，将结果输出到 OUT 所指定的存储单元中，并将最后一次移出位保存在 SM1.1。

② 循环左、右移位。循环移位将移位数据存储单元的首尾相连，同时又与溢出标志 SM1.1 连接，SM1.1 用来存放被移出的位。其指令的格式和功能见表 2-17。

表 2-17 循环移位指令的格式及功能

LAD			功能
ROL_B EN　ENO ????-IN　OUT-???? ????-N	ROL_W EN　ENO ????-IN　OUT-???? ????-N	ROL_DW EN　ENO ????-IN　OUT-???? ????-N	字节、字和双字循环左移位

续表

LAD	功能
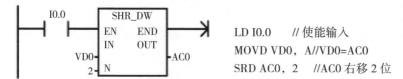	字节、字和双字循环右移位

循环左移位（ROL）指令的功能：使能输入有效时，将字节、字或双字数据 IN 循环左移 N 位后，将结果输出到 OUT 所指定的存储单元中，并将最后一次移出位送 SM1.1。

循环右移位（ROR）指令的功能：使能输入有效时，字节、字或双字数据 IN 循环右移 N 位后，将结果输出到 OUT 所指定的存储单元中，并将最后一次移出位送 SM1.1。

N、IN、OUT 操作数的数据类型为 B，W，DW。

例如，将 VD0 右移 2 位送 AC0，程序见图 2-28。

```
        I0.0      SHR_DW
   ─┤ ├──────┬EN      END├───▶
              │IN      OUT│
          VD0─┤           ├─AC0
            2─┤N          │
```

LD I0.0　　// 使能输入
MOVD VD0，A//VD0=AC0
SRD AC0，2　//AC0 右移 2 位

图 2-28　移位指令的应用程序

（4）寄存器移位指令。

寄存器移位指令是一个移位长度可指定的移位指令。寄存器移位指令的格式示例见表 2-18。

表 2-18　寄存器移位指令的格式示例

LAD	STL	功能
``` SHRB EN END I1.1─DATA M1.0─S_BIT +10─N ```	SHRB I1.1，M1.0，+10	寄存器移位

表 2-18 所示梯形图中，DATA 为数值输入，指令执行时将该位的值移入移位寄存器；S_BIT 为寄存器的最低位；N 为移位寄存器的长度（1～64），N 为正值时左移位（由低位到高位），DATA 值从 S_BIT 位移入，移出位进入 SM1.1；N 为负值时右移位（由高位到低位），S_BIT 移出到 SM1.1，另一端补充 DATAI 移入位的值。

每次使能有效时，整个移位寄存器移动 1 位。最高位的计算方法：[N 的绝对值 -1+（S_BIT 的位号）]/8，余数即是最高位的位号，商与 S_BIT 的字节号之和即是最高位的字节号。

（九）编码与译码指令

在可编程序控制器中，字型数据可以用 16 位二进制数，也可用 4 位十六进制数来表示。

编码过程就是把字型数据中最低有效位的位号进行编码。译码过程是将执行数据所表示的位号所指定单元的字型数据的对应位置1。

数据编码和译码指令包括编码、译码及七段显示译码。

1. 编码指令

编码指令的指令格式及功能描述见表 2-19。其中，IN、OUT 的数据类型分别为 WORD、BYTE。

表 2-19　编码指令的指令格式及功能

LAD	STL	功能
ENCO EN　END IN　OUT ????　　　　????	ENCO IN，OUT	使能输入有效时，将字节型输入数据 IN 的最低有效值（值为 1 的位）的位号输入到 OUT 所指定的字节单元的低 4 位

2. 译码指令

译码指令的指令格式及功能描述见表 2-20。其中，IN、OUT 的数据类型分别为 BYTE、WORD。

表 2-20　译码指令的指令格式及功能

LAD	STL	功能
DECO EN　END IN　OUT ????　　　　????	DECO IN，OUT	使能输入有效时，根据字节型输入数据 IN 的低 4 位所表示的位号，将 OUT 所指定的字单元的对应位置 1，其他位复 0

3. 七段显示译码指令

七段显示译码指令的格式及功能描述见表 2-21。其中，七段显示数码管 g、f、e、d、c、b、a 的位置关系和数字 0 ~ 9、字母 A ~ F 与七段显示码的对应关系如图 2-29 所示。

表 2-21　七段显示译码指令的格式及功能

LAD	STL	功能
SEG EN　END IN　OUT ????　　　　????	SEG IN，OUT	使能输入有效时，根据字节型输入数据 IN 的低 4 位有效数字，会产生相应的七段显示码，并将其输出到 OUT 所指定的单元

IN (LSD)	OUT	IN (LSD)	OUT	IN (LSD)	OUT	IN (LSD)	OUT
0	3F	4	66	8	7F	C	39
1	06	5	6D	9	6F	D	5E
2	5B	6	7D	A	77	E	79
3	4F	7	07	B	7C	F	71

图 2-29 七段显示码及对应代码

每段置 1 时亮，置 0 时暗。与其对应的 8 位编码（最高位补 0 时），称为七段显示码。例如，要显示数据 "0" 时，令 g 管暗，其余各管亮，对应的 8 位编码为 0011 1111，即 "0" 的译码为 "3F"。IN、OUT 数据类型为 BYTE。

例如，编写实现用七段显示码显示数字 5 的程序。程序实现见图 2-30。程序运行结果为 （AC1）=6D。

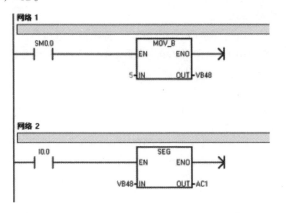

网络 1
LD   SMO.0
MOVB   5, VB48
网络 2
LD   I0.0
SEG   VB48, AC1

图 2-30 程序

三、OMRON CPM2A 系列 PLC 编程指令

OMRON CPM2A 是一种紧凑、高速的可编程序控制器，它是一个小巧的单元内综合有各种性能，包括同步脉冲控制、中断输入、脉冲输出、模拟量设定和时钟等功能。CPM2A CPU 单元又是一个独立的单元，它能用于多种机械控制，是在设备中用作内装控制单元的理想产品；同时，它具有完整的通信功能，可与个人计算机、其他 OMRON PLC 和 OMRON 可编程终端进行通信。这些通信能力使用户能设计一个经济的分布生产系统。

（一）CPM2A 的基本认识

1. CPM2A 基本配置

CPM2A CPU 是一台设有 30、40 或 60 内装 I/O 端子的 PLC。为了使 PLC 的 I/O 容量提高到最大，CPM2A CPU 最多可连接 3 个扩展单元，扩展单元的最大 I/O 点数为 20。这样，将 3 个 20 点 I/O 单元与 60 内装 I/O 端子的 CPU 单元连接，就可以得到最大 120 点的 I/O 容量。

为了提供 A/D、D/A 功能，CPM2A CPU 最多可连接 3 个模拟量 I/O 单元，每个单元提供 2 路 A/D 输入和 1 路 D/A 输出。这样，CPM2A 最多就可以提供 6 路 A/D 输入和 3 路 D/A 输出。

A/D 的输入范围可设定为 0 ～ 10VDC，1 ～ 5VDC 或 4 ～ 20mA，分辨率为 1/256；D/A 的输出范围可设置为 0 ～ 10VDC，–10 ～ 10VDC 或 4 ～ 20mA，分辨率为 1/256。

CPM2A CPU 共有 5 个高速计数输入，其中 1 个高速计数器输入的响应频率为 20kHz/5kHz，其余 4 个高速计数器输入（在计数器方式下）的响应频率为 2kHz。高速计数器可以有微分相位方式（5kHz）、脉冲 + 方向输入方式（20kHz）、增 / 减脉冲方式（20kHz）和递增方式（20kHz）。当计数与设置值匹配或下降到某规定的范围内时，即触发中断。

CPM2A CPU 还具有两个能产生 10Hz ～ 10kHz 脉冲（单相脉冲）的输出：在用作单相脉冲输出时，可以有频率范围为 10Hz ～ 10kHz、脉宽固定的输出和频率范围为 0.1 ～ 999.9Hz 脉宽可变输出两种；在用作脉冲 + 方向或增 / 减脉冲输出时，则只有频率范围为 10Hz ～ 10kHz 一种输出。

2. CPM2A 的可编程器件及数据区

CPM2A PLC 的继电器区与数据区由内部继电器区（IR）、特殊辅助继电器区（SR）、暂存继电器区（TR）、保持继电器区（HR）、辅助记忆继电器区（AR）、链接继电器区（LR）、定时器 / 计数器区（TIM/CNT）和数据存储区（DM）组成。

（1）内部继电器区。

IR 区分为两部分：一部分供输入点 / 输出点用，成为输入输出继电器区；另一部分供 PLC 内部的程序使用，称为内部辅助继电器区。

CPM2A 的通道用 3 位数字表示，称为通道号。一个通道内有 16 位。在指明一个位时用 5 位数字，称为继电器号，前 3 位数字为该位所在通道号，后 2 位数字为该位在通道中的序号。一个通道中 16 个位的序号为 00 ～ 15，因此位号中的后 2 位数字为 00 ～ 15，如 20004 为 200 通道中的 04 位。

输入继电器区有 10 个通道，编号为 000 ～ 009。其中，000，001 通道用于 CPU 单元输入通道，002 ～ 009 通道用于 CPU 单元连接的扩展单元的输入通道。

输出继电器区有 10 个通道，编号为 010 ～ 019。其中 010，011 通道用于 CPU 单元输出通道，012 ～ 019 通道用于 CPU 单元连接的扩展单元的输出通道。

（2）特殊辅助继电器区。

特殊辅助继电器区共有 24 个通道（232 ～ 255），SR 区和 IR 区实际上是 PLC 的同一数据区，SR 区的通道在 IR 区之后顺序编号，IR 和 SR 的区别在于前者供用户使用，而后者由系统使用。表 2-22 列出了特殊辅助继电器的功能。

表 2-22　特殊辅助继电器的功能

通道号	继电器号	功能
253	00 ~ 07	故障码存储区，故障发生时将故障码存入； 故障报警（FAL/FALS）指令执行时，FAL 被存储； FAL00 指令执行时，故障码存储区复位（成为 00）
	08	不可使用
	09	扫描周期超过 100ms 时为 ON
	10 ~ 12	不可使用
	13	常 ON
	14	常 OFF
	15	运行开始时一个扫描周期为 ON
254	00	60s 脉冲（30s ON，30s OFF）
	01	0.02s 时钟脉冲（0.01s ON，0.01s OFF）
	02	负数标志（N）
	03 ~ 05	不可使用
	06	微分监视完成标志（微分监视过错时为 ON）
	07	STEP 指令中一个行程开始时，仅一个扫描周期为 ON
	08 ~ 15	不可使用
255	00	0.1s 时钟脉冲（0.05s ON，0.05s OFF）
	01	0.2s 时钟脉冲（0.1s ON，0.1s OFF）
	02	1s 时钟脉冲（0.5s ON，0.5s OFF）
	03	ER 标志（执行指令时，出错发生时为 ON）
	04	CY 标志（执行指令时结果有进位或借位发生时为 ON）
	05	> 标志（比较结果大于时为 ON）
	06	= 标志（比较结果等于时为 ON）
	07	< 标志（比较结果小于时为 ON）
	08 ~ 15	不可使用

SR 区的功能见表 2-23。

表 2-23 SR 区的功能

	功能	
SR 区的前半部分（232～251）	通常以通道为单位使用	
	232～235	宏指令的输入区
	236～239	宏指令的输出区
	240～243	中断 0～中断 3 的计数器设定值通道
	244～247	中断 0～中断 3 的计数器当前值通道
	248～249	高速计数器的当前值通道
	250～251	模拟电位器 0、1 的设定值通道。通道 250～251 不可以作为内部辅助继电器使用
SR 区的后半部分（252～255）	用来存储 CPM2A 的工作状态标志，发出工作启动信号，产生时钟脉冲等	

特别提醒

（1）SR 区的前半部分的 232～249，未用上述指定的功能时，可以作为内部辅助继电器使用。

（2）SR 区的后半部分除 25200 外，对其他继电器，用户程序只能利用其状态而不能改变其状态，或者说用户程序只能用其触点，不能将其作输出用。

（3）暂存继电器区。

CPM2A 有 8 个暂存继电器，其编号为 TR0～TR7。

特别提醒

暂存继电器可以不按顺序进行分配，在同一程序段中不能重复使用相同的暂存继电器编号，但在不同的程序段中可以重复使用。

（4）保持继电器区。

保持继电器具有断电保持功能，即当电源掉电时，它们能够保持掉电前的 ON/OFF 状态。

保持继电器以 HR 标识，有 20 个通道（HR00～HR19）。每个通道有 16 个继电器，编号为 00～15，共 320 个继电器。保持继电器的使用方法同内部辅助继电器一样。

保持继电器既能以位为单位使用，又能以通道为单位使用。

特别提醒

保持继电器断电保持功能的两种方法：

（1）以通道为单位使用，用作数据通道，此时断电后数据不会丢失，恢复供电时，数据亦可恢复。

（2）以位为单位使用，用于本身带有自保持电路。

（5）辅助记忆继电器区。

辅助记忆继电器区共有 16 个通道（AR00～AR15）。AR 区用来存储 PLC 的工作状态信息，包括扩展单元连接的台数、断电发生的次数、扫描周期最大值及当前值，以及高速计数、脉冲输出的工作状态标志和通信出错码、系统设定区域异常标志等。用户可根据其状态了解系统运行状况。辅助记忆继电器具有断电保持功能。

（6）链接继电器区。

链接继电器区通道为 LR00～LR15。当 CPM2A 之间，CPM2A 与 CQM1、CPM1、SRM1 以及 C200HS、C200HX/HG/HE 之间进行 1∶1 链接时，用链接继电器与对方交换数据。

特 别 提 醒

不进行 1∶1 链接时，链接继电器可作为内部辅助继电器使用。

（7）定时器 / 计数器区。

定时器 / 计数器区用于定时器和计数器。CPM2A 共有 128 个定时器和计数器，其 TC 号为 000～127。CPM2A 有普通定时器（TIM）、高速定时器（TIMH）、1ms 定时器（TMHH）、长定时器（TIMOL）、普通计数器（CNT）、可逆计数器（CNTR）。

特 别 提 醒

一个 TC 号既可以用作定时器，又可作为计数器，但所有的定时器或计数器的 TC 号不能重复。例如，TC 号 000 用作普通定时器，则其他的普通定时器、高速定时器、普通计数器、可逆计数器便不能再使用 TC 号 000。

当电源断电时，定时器复位，计数器保持断电前的状态。

（8）数据存储区。

数据存储区用来存储数据，共有 1536 个字（通道），范围是 DM0000～DM1023，DM6144～DM6655，每个字 16 位、4 位数字。

特 别 提 醒

数据存储器只能以字为单位使用，不能以位为单位使用。利用 DM 区可进行间接寻址。DM 区有断电保持功能。

DM0000～DM0900，DM1022～DM1023 为程序可读写区，用户程序可自由读写其内容。

DM1000～DM1021 主要用来作故障履历存储器，记录有关故障信息。

DM6600～DM6655 称为系统设定区，用来设定各种系统参数，通道中的数据不能用程序写入，只能用编程器写入。

（二）CPM2A 的基本指令

1. 输入指令 LD 和 LD NOT

LD：输入一个以常开触点开始的操作符号。

LD NOT：输入一个以常闭指令开始的操作符号。

这两条指令都用于启动总线上的第一个触点或用于程序段的开始。

2. 输出指令 OUT 和 OUT NOT

OUT：把程序段的结果在某一继电器线圈上输出。

OUT NOT：把程序段的结果取反后在某一继电器线圈上输出。

特 别 提 醒

（1）输入通道的不同位不能用 OUT、OUT NOT 输出。

（2）OUT、OUT NOT 指令常用于一条梯形图支路的最后，有时也用于分支点。

（3）线圈并联输出时，可连续使用 OUT、OUT NOT 指令。

在图 2-31 的梯形图中，线圈 01000 与 01001 为并联输出，梯形图右侧为对应的语句表。当 00000 为 ON 时，01000 为 ON，01001 为 OFF；当 00000 为 OFF 时，01001 为 ON。当 00001 为 ON 时，01002 为 OFF；当 00001 为 OFF 时，01002 为 ON。

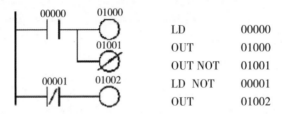

图 2-31　输入与输出指令的使用

3. "与"指令 AND 和 AND NOT

AND：常开触点的逻辑与操作。

AND NOT：常闭触点的逻辑与操作。

在图 2-32 中，第一条支路的常开触点 00001 与前面的触点相串联，OUT 输出位 01000 的状态是 00000 和 00001 逻辑"与"的结果，只有 00000 和 00001 都为 ON 时，01000 才为 ON，否则 01000 为 OFF。第二条支路的常闭触点 01000 与前面的触点相串联，OUT 输出位 01001 的状态是 01000 取"反"后再和 00000 逻辑"与"的结果，只有 01000 为 OFF，00000 为 ON 时，01001 才为 ON，否则 01001 为 OFF。

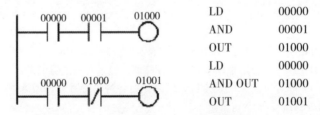

图 2-32　AND、AND NOT 指令的应用

特 别 提 醒

（1）AND、AND NOT 指令只能以位为单位进行操作，且不影响标志位。

（2）串联触点的数没有限制。

在图 2-33 中，常开触点 00002 与前面的触点是串联的关系，故也应用 AND 指令，这种连接方式称为连续输出。

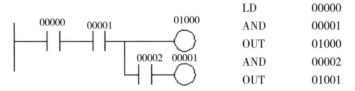

LD	00000
AND	00001
OUT	01000
AND	00002
OUT	01001

图 2-33 连续输出及其编程

4. "或" 指令 OR 和 OR NOT

OR：常开触点的逻辑或操作。

OR NOT：常闭触点的逻辑或操作。

特 别 提 醒

（1）OR、OR NOT 指令只能以位为单位进行操作，且不影响标志位。

（2）并联触点的个数没有限制。

在图 2-34 中，常开触点 00001 与触点 00000 相并联，OUT 输出位 01000 的状态是 00000 和 00001 逻辑 "或" 的结果，只有 00000 和 00001 都为 OFF 时，01000 才是 OFF，否则 01000 为 ON。常闭触点 00003 与触点 00000 相并联，OUT 输出位 01001 的状态是 00003 取 "反" 后再和 00000 逻辑 "或" 的结果，只有 00000 为 OFF，00003 为 ON 时，01001 才为 OFF，否则 01001 为 ON。

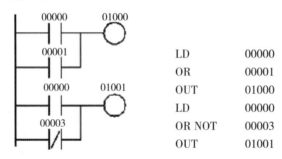

LD	00000
OR	00001
OUT	01000
LD	00000
OR NOT	00003
OUT	01001

图 2-34 OR、OR NOT 指令的应用

5. 程序段串联指令

AND LD：程序段逻辑与操作，主要用于两个程序段的串联连接。

AND LD 指令的使用如图 2-35 所示。梯形图中有三个程序段串联，下面给出使用 AND LD 指令的两种不同编程方法。

方法 1		方法 2	
LD	00000	LD	00000
AND	00001	AND	00001
OR NOT	00002	OR NOT	00002
LD	00003	LD	00003
OR	00004	OR	00004
AND LD		LD	00005
LD	00005	OR NOT	00006
OR NOT	00006	AND LD	
AND LD		AND LD	
OUT	20000	OUT	20000

图 2-35 AND LD 指令的应用

注意，每个程序段的第一条指令一定是输入指令 LD 或 LD NOT。

在方法 2 中，AND LD 指令之前的程序段数应小于或等于 8，而方法 1 对此没有限制。

6. 程序段并联指令

OR LD：程序段的逻辑和操作，主要用于两个程序段的并联连接。

OR LD 指令的使用如图 2-36 所示。梯形图中有三个逻辑块并联，下面给出使用 OR LD 指令的两种不同的编程方法。

在方法 2 中，OR LD 指令之前的程序段数应小于或等于 8，而方法 1 对此没有限制。

7. 置位指令 SET 和复位指令 RESET

SET：当 SET 指令的执行条件为 ON 时，使指定继电器

方法 1		方法 2	
LD	00000	LD	00000
AND NOT	00001	AND NOT	00001
LD	00002	LD	00002
AND NOT	00003	AND NOT	00003
OR LD		LD NOT	00004
LD NOT	00004	AND NOT	00005
AND NOT	00005	OR LD	
OR LD		OR LD	
OUT	01001	OUT	01001

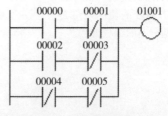

图 2-36 OR LD 指令的应用

置位 ON；当执行条件为 OFF 时，SET 指令不改变指定继电器的状态。

RESET：当 RESET 指令前面的逻辑条件为 ON 时，则使指定继电器复位为 OFF；当执行条件为 OFF 时，RESET 指令不改变指定继电器的状态。

图 2-37 中，当 00000 由 OFF 变为 ON 后，20000 被置位为 ON，并保持 ON，即使 00000 变为 OFF 也不变；当 00003 由 OFF 变为 ON 后，20000 被复位为 OFF，并保持 OFF，即使 00003 变为 OFF 也不变。

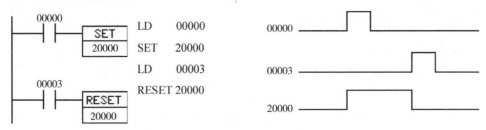

图 2-37 SET、RESET 指令的应用

SET 和 RESET 指令的功能与数字电路中的 RS 触发器功能相似。

8. 上升沿微分指令 DIFU（13）和下降沿微分指令 DIFD（14）

DIFU（13）：当执行条件由 OFF 变为 ON 时，上升沿微分指令 DIFU 使指定继电器 ON 一个扫描周期。

DIFU（14）：当执行条件由 ON 变为 OFF 时，下降沿微分指令 DIFD 使指定继电器 ON 一个扫描周期。

在图 2-38 中，当 00000 由 OFF 变为 ON 时，DIFU 的输出 20000 接通，但接通时间只有一个扫描周期。如果某条指令要求在 00000 由 OFF 变为 ON 时只执行一次，则可利用 DIFU 的输出 20000 作为该指令的执行条件。当 00000 由 ON 变为 OFF 时，DIFD 的输出 20001 接通，但接通时间只有一个扫描周期。如果某个指令要求在 00000 由 ON 变为 OFF 时执行一次，则可利用 DIFD 的输出 20001 作为该指令的执行条件。括号中的数字为指令码，当用编程器输入指令时，可按下 "FUN" 键，再输入指令码。

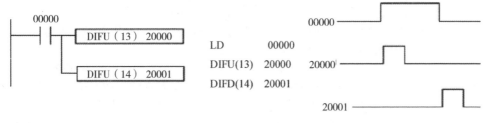

图 2-38 DIFU，DIFD 指令的应用

9. 结束指令 END（01）

END（01）：表示程序结束。

END 指令用于程序的结尾处，如果有子程序，则 END 指令放在最后一个子程序后。PLC 执行到 END 指令，即认为程序到此结束，后面的指令一概不执行，马上返回程序的起始处再次开始执行程序。因此，在调试程序时，可以将 END 指令插在各段程序之后，进行分段调试。若整个程序没有 END 指令，则 PLC 不执行程序，并显示出错信息 "NO END INST"。

执行 END 指令时，ER、CY、GR、EQ、LE 标志被置为 OFF。

10. 定时器和计数器指令

定时器 TIM、计数器 CNT 都位于 TC 区，统一编号，每个定时器和计数器分配一个编号，称为 TC 号。TC 号的取值范围为 000 ~ 127。

TC 号不能重复使用，同一个 TC 号不能既用于定时器又用于计数器。

定时器和计数器都有 TC 号和设定值 SV 两个操作数。SV 可以是常数，也可以是通道号。SV 是常数时，这个数必须是 BCD 码，在常数前面要加前缀 #；SV 是通道号时，通道内部的数据作为设定值，也必须是 BCD 码，当 SV 由指定的输入通道设置时，通过连接输入通道的外设（如拨码开关）可以改变设定值。

定时器和计数器除了设定值 SV 外，还有一个当前值 PV。普通定时器和普通计数器在工作时都是单相减计数，计数前设定值 SV 要赋给当前值 PV，当前值 PV 递减计数，一直到 0 为止。通过 TC 号可以得到定时器或计数器的当前值 PV，因此 TC 号可以作很多指令的操作数。

（1）定时器指令 TIM。

当定时器的输入为 OFF 时，定时器处于复位状态；定时器的当前值为设定值，其所有触点复位。当定时器的输入变为 ON 时，开始定时，定时时间到，定时器的输出为 ON，即它的所有触点动作。若输入继续为 ON，则定时器的输出保持为 ON。当定时器的输入变为 OFF 时，定时器的输出随之变为 OFF。定时器的最小定时单位为 0.1s，定时的范围为 0 ~ 999.9s，设定值 SV 的取值范围为 0 ~ 9999，实际定时时间为 SV×0.1s。设定值 SV 可以是常数或是通道中的内容，但都必须是 BCD 码。

图 2-39（a）中的定时器 000，设定值为 150，表示定时时间为 15.0s。当 00000 为 OFF 时，TIM000 处于复位状态，当前值 PV=SV；当 00000 为 ON 时，TIM000 开始定时，定时器的当前值 PV 从设定值 150 开始，每隔 0.1s 减去 1，15s 后，当前值 PV 减为 0，此时 TIM000 输出为 ON，TIM000 常开触点闭合，使 01000 为 ON。此后，若 00000 一直为 ON，则 TIM000 的状态不变，若 00000 变为 OFF，则定时器复位，当前值 PV 恢复为设定值 SV，其触点复位。

图 2-39（b）中的 TIM000 的设定值为通道 IR200 中的数据。以通道内容设定 SV 时，如果在定时过程中改变通道内容，新的设定值对本次定时不产生影响，只有当 TIM 的输入经过 OFF 后，在下一次定时时，新的设定值才有效。

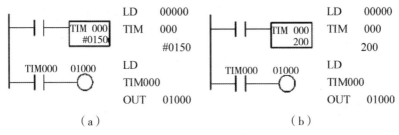

图 2-39　TIM 指令的应用

　　（2）计数器指令 CNT。

　　可进行预置四位 BCD 码的减法计数，每当计数输入信号 CP 从 OFF 变为 ON 时，计数器的当前值减 1。计数器设定值范围为 0000 ～ 9999，必须用 BCD 码设定。计数器的设定值可以是常数或通道内的数据，如 IR、SR、HR、AR、LR、DM 等。

　　计数器为递减计数。例如，在图 2-40 中，CNT004 的设定值为 0150。计数器的上端为计数脉冲输入端（CP），下端为复位端（R）。当复位端 00001 变为 ON 时，计数器处于复位状态，不能计数，当前值 PV 等于设定值 SV。当复位端由 ON 变为 OFF 后，计数器开始计数，当前值 PV 从设定值 0150 开始，每当 00000 由 OFF 变为 ON 时减 1。在当前值 PV 减到 0 时，也即计数满 0150 个脉冲时，不再接收计数脉冲，停止计数，计数器 CNT004 的输出变为 ON，其常开触点闭合，使 01005 得电为 ON。若在计数过程中，复位端 00001 由 OFF 变为 ON，则计数器立即复位，停止计数，当前值 PV 恢复到设定值 SV。若在计数器结束以后，复位端 00001 由 OFF 变为 ON，则计数器立即复位，当前值 PV 恢复到设定值 SV。计数器 CNT004 复位后，输出为 OFF，使 01005 断电为 OFF。

　　计数器编程时，先编计数输入端，再编复位端，最后编 CNT 指令，如图 2-40 语句表所示。定时器和计数器的编号是共用的，使用时不能冲突，如使用 TIM000，就不能再使用 CNT000。计数器具有断电保持功能，当电源断电时，计数器的当前值保持不变。

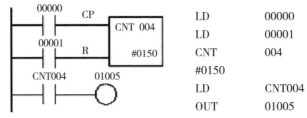

图 2-40　CNT 指令的应用

　　一个 PLC 所具有的指令群体成为该 PLC 的指令系统，它包含指令的多少，各指令都能做什么，它代表着 PLC 的功能和性能，所以在编程前必须弄清 PLC 的指令系统。

第三节 PLC 编程方法及软件的使用

一、梯形图编程

梯形图又称继电器型逻辑图编程，这种方法是当今使用最为广泛的，主要原因是它和以往的继电器控制电路十分接近。

（一）编程方法

梯形图是通过连线把 PLC 指令的梯形图符号连接在一起的连通图，用以表达所使用的 PLC 指令及其前后顺序，它与电器原理相似。它的连线有母线和内部竖曲线两种。内部竖曲线把一个个梯形图符号指令连成一个指令组，这个指令组一般从装载（LD）指令开始，必要时再继以若干个输入指令（含 LD 指令）来建立逻辑条件，最后为输出类指令，实现输出控制或数据控制、流程控制、通信处理、监控等指令，以进行相应的工作。

梯形图是在原电气控制系统中的常用继电器接触器原理图基础上演变而来的。每个梯形图网络由多个梯级组成，每个输出元素构成一个梯级，每个梯级由一个或多个支路组成，左侧安排触点（动合、动断）组成输出执行条件的逻辑控制，右侧安排输出元素，如图 2-41 所示。

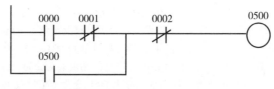

图 2-41 梯形图的一个梯级

（二）梯形图的编程规则

梯形图编程具有如下规则：

（1）外部输入 / 输出继电器、内部继电器、定时器、计数器等"软元件"的触点可重复使用，没有必要特意采用复杂程序结构来减少触点的使用次数。

（2）梯形图每一行都是从左母线开始，线圈接在最右边。在继电器控制原理图中，继电器的触点可以放在线圈的右边，但在梯形图中触点不允许放在线圈的右边，如图 2-42 所示。

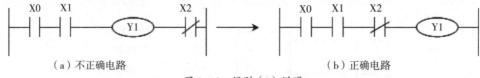

（a）不正确电路　　　　　　　　　　　　　　　　（b）正确电路

图 2-42 规则（2）说明

（3）线圈不能直接与左母线相连，也就是说线圈输出作为逻辑结果必须有条件。必要时，可以使用一个内部继电器的动断触点或内部特殊继电器来实现，如图 2-43 所示。

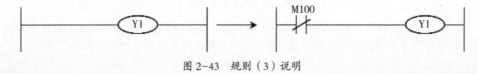

图 2-43 规则（3）说明

（4）同一编号的线圈在一个程序中使用两次以上称为双线圈输出。双线圈输出容易引起误操作，这时前面的输出无效，只有最后的输出才有效。但该输出线圈对应触点的动作，要根据该逻辑运算之前的输出状态来判断。如图 2-44 所示，由于 M1 双线圈输出，所以 M1 输出随最后一个 M1 输出变化，Y1 随第一个 M1 线圈变化，而 Y2 随第二个 M1 输出变化。

特 别 提 醒

一般情况下，应尽可能避免双线圈输出。

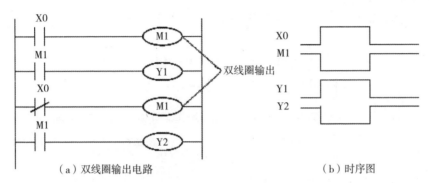

（a）双线圈输出电路　　　　　　　　　　　（b）时序图

图 2-44　双线圈输出说明

（5）梯形图程序必须符合顺序执行的原则，即从左到右、从上到下执行。如果不符合顺序，执行的电路就不能直接编程。图 2-45 所示电路不能直接编程。

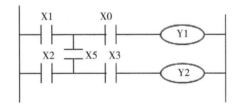

图 2-45　桥式电路

（6）梯形图中串、并联的触点次数没有限制，可以无限制地使用，如图 2-46 所示。

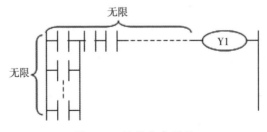

图 2-46　规则（6）说明

（7）两个或两个以上的线圈可以并联输出，如图 2-47 所示。

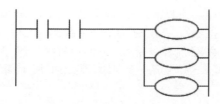

图 2-47　规则（7）说明

（三）编程基本技巧

梯形图编程具有如下技巧：

（1）串联触点较多的电路图画在梯形图的上方，如图 2-48 所示。

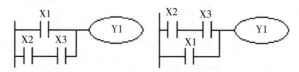

（a）接排不当的电路　　　　（b）接排得当的电路

	(a) 图程序			(b) 图程序	
0	LD	X1	0	LD	X2
1	LD	X2	1	AND	X3
2	AND	X3	2	OR	X1
3	ORB		3	OUT	Y1
4	OUT	Y1			

图 2-48　梯形图排列（一）

（2）并联电路应放在左边，如图 2-49 所示。

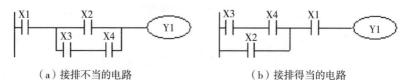

（a）接排不当的电路　　　　　　（b）接排得当的电路

图 2-49　梯形图排列（二）

（3）并联线圈电路，从分点到线圈之间无触点的，线圈应放在上方。如图 2-50（b）节省 MPS 和 MPP 指令，节省了存储空间和缩短了运算周期。

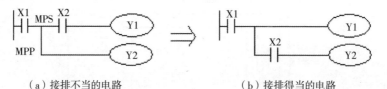

（a）接排不当的电路　　　　　　（b）接排得当的电路

图 2-50　梯形图的排列（三）

（4）桥形电路编程时不能直接对它编程，必须将它等效后才可编程。如图 2-51（a）为桥形电路，应先将它等效为图 2-51（b）后再进行编程。

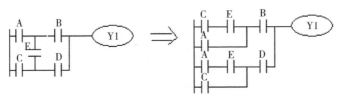

图 2-51　桥形电路的编程

（5）如果电路的结构比较复杂，用 ANB 或 ORB 等指令难以解决，可重复使用一些触点画出它们的等效电路，然后再进行编程，如图 2-52 所示。

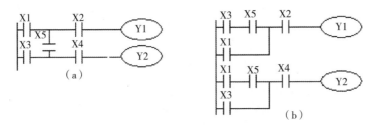

图 2-52　复杂电路编程

（6）触点应画在水平线上，不画在垂直线上，不包含触点的分支应画在垂直分支上，不画在水平分支上，以便识别触点组合和对输出线圈的控制途径，如图 2-53（a）所示。图 2-53（b）中的左图无法编程，修改后的右图成为逻辑不变的可以编程的梯形图。这样便于编程和看清控制路径。

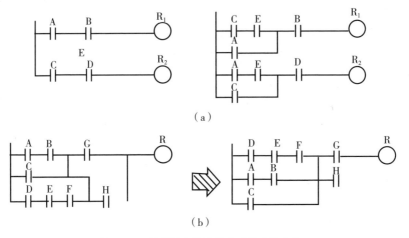

图 2-53　梯形图从错误到正确的改进画法

二、助记符编程

（一）编程方法

助记符一般用英文字母和数字来表示。它用英文名称的缩写字母来表达 PLC 的各种功能，如 LD X001，就是用助记符编程语言编写的一条指令。图 2-54 中所对应的助记符语言如下：

LD　X000　OUT　Y000　AND　X001　OUT　Y001

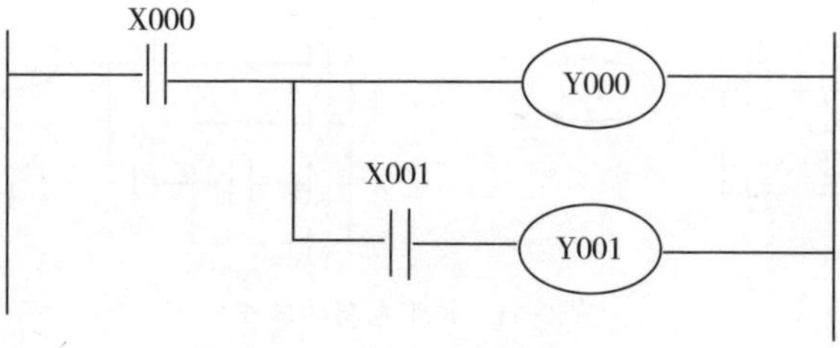

图 2-54　助记符对应的梯形图

（二）编程规则

助记符编程规则如下：

（1）程序以指令列按序编制，指令语句顺序与控制逻辑有密切关系。随意颠倒，插入和删除指令都会引起程序出错或逻辑出错。

（2）操作数必须是所用机器允许范围内的参数，参数超出元素允许范围将引起程序出错（有些 PLC 在键入指令时，具有操作数超出允许范围出错的提示功能）。

（3）命令语句表达式指令编程与梯形图编程相互对应，两者可以互换。

三、顺序功能图编程

（一）顺序控制

顺序控制就是按照生产工艺预先规定的顺序，在各个输入信号的作用下，根据内部状态和时间的顺序，在生产过程中各个执行机构自动地、有秩序地进行操作。使用顺序控制设计法时，首先根据系统的工艺过程画出顺序功能图，然后根据顺序功能图设计出梯形图。

顺序控制设计的方法最常用的是顺序功能图设计法，顺序功能图编程步骤如下：

（1）根据控制要求，画出 I/O 分配图；

（2）将工作过程按工作步序进行分解，每个工作步序对应一个状态，将其分为若干个状态；

（3）理解每个状态的功能和作用，即设计驱动程序；

（4）找出每个状态的转移条件和转移方向；

（5）根据以上分析，画出控制系统的顺序功能图；

（6）根据顺序功能图写出指令表。

（二）西门子 PLC 顺序功能图

1. 步进控制指令

S7-200 系列 PLC 有三条步进控制指令：

（1）装载顺序控制继电器（Load Sequence Control Relay，LSCR）指令：用于表示一个 SCR 段即状态步的开始。

（2）顺序控制继电器转换（Sequence Control Relay Transition，SCRT）指令：用于表示 SCR 段之间的转换。当 SCRT 对应的线圈得电时，对应的后续步状态元件被激活，同时当前步对应的状态元件被复位，变为不活动步。

（3）顺序控制继电器结束（Sequence Control Relay End，SCRE）指令：用于表示 SCR 段的结束。每一个 SCR 段的结束必须使用 SCRE 指令。SCRE 指令无操作数。

特 别 提 醒

使用步进控制指令需要注意的问题如下：

（1）步进控制指令 SCR 只对状态元件 S 有效。为了保证程序的可靠运行，驱动状态元件 S 的信号应采用短脉冲。

（2）当需要保持输出时，可使用 S/R 指令。

（3）不能把同一编号的状态元件用在不同的程序中，如在主程序中用了 S0.1，在子程序中就不能再使用 S0.1。

（4）在 SCR 段中不能使用 JMP 和 LBL 指令，即不允许跳入、跳出或在内部跳转。

（5）在 SCR 段中不能使用 FOR、NEXT 和 END 指令。

（6）当需要把执行动作转为从初始条件开始再次执行时，需要复位所有的状态，包括初始状态。

2. 顺序功能图的主要类型

（1）单序列的编程方法。

单序列即只有一个顺序工作过程，状态号的选择可不必按过程号的次序排列，单次序的顺序功能图如图 2-7、图 2-8 所示。

（2）选择序列的编程方法。

图 2-55、图 2-56 为选择序列与并行序列的顺序功能图和梯形图。图 2-55 中步 S0.0 之后有一个选择序列的分支，当它是活动步，并且转换条件 I0.0 得到满足，后续步 S0.1 将变成活动步，S0.0 变为不活动步。如果步 S0.0 为活动步，并且转换条件 I0.2 得到满足，后续步 S0.2 将变为活动步，S0.0 变为不活动步。

当 S0.0 为 1 状态时，它对应的 SCR 段被执行，此时若转换条件 I0.0 为 1 状态，该程序段中的指令"SCRT S0.1"被执行，将转换到步 S0.1。若 I0.2 的常开触点闭合，将执行指令"SCRT S0.2"，转换到步 S0.2。

在图 2-55 中，步 S0.3 之前有一个选择序列的合并，当步 S0.1 为活动步，并且转换条件 I0.1 满足，或步 S0.2 为活动步，并且转换条件 I0.3 满足，步 S0.3 都应变为活动步。在步 S0.1 和步 S0.2 对应的 SCR 段中，分别用 I0.1 和 I0.3 的常开触点驱动指令"SCRT S0.3"，就能实现选择序列的合并。

（3）并行序列的编程方法。

图 2-56 中步 S0.3 之后有一个并行序列的分支，当步 S0.3 是活动步，并且转换条件 I0.4 满足，步 S0.4 与步 S0.6 应同时变成活动步，这是用 S0.3 对应的 SCR 段中 I0.4 的常开触点同时驱动指令"SCRT S0.4"和"SCRT S0.6"来实现的。与此同时，S0.3 被自动复位，步 S0.3 变为不活动步。

步 S1.0 之前有一个并行序列的合并，因为转换条件为 1（总是满足），转换实现的条件是所有的前级步（步 S0.5 和步 S0.7）都是活动步。图 2-55 中将 S0.5 和 S0.7 的常开触点串联，来控制对 S1.0 的置位和对 S0.5、S0.7 的复位，从而使步 S1.0 变为活动步，步 S0.5 和步 S0.7 变为不活动步。

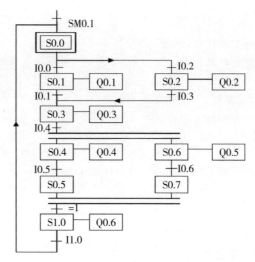

图 2-55 选择序列与并行序列的顺序功能图

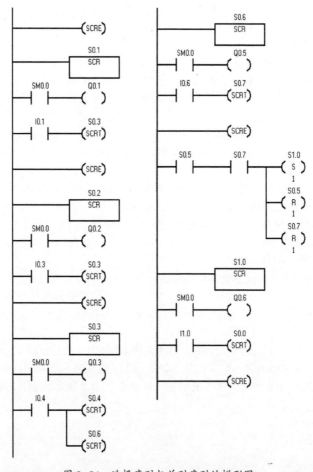

图 2-56 选择序列与并列序列的梯形图

（三）三菱 PLC 顺序功能图

1. 步进指令

FX 系列 PLC 的步进指令有两条：一条是步进触点（也称为步进开始）指令 STL（Step Ladder），另一条是步进返回（也称为步进结束）指令 RET。只有与状态继电器 S 结合起来，STL 和 RET 指令才能进行步进程序的编写。

STL 指令用于"激活"某个状态，在梯形图上体现为从母线引出的状态触点。STL 指令有建立子母线的功能，以使该状态的所有操作均在母线上进行。

RET 指令用于返回主母线，使步进梯形图程序执行完毕时，非状态程序的操作在主母线上完成，防止出现逻辑错误。状态转移程序的结尾必须使用 RET 指令，用于复位 STL 指令。执行 RET 后就返回主母线，退出步进状态。

状态继电器是构成顺序功能图的基本元素，是 PLC 的软元件之一。表 2-24 为 FX 系列 PLC 的状态继电器的分类、编号、用途。

表 2-24　FX 系列 PLC 的状态继电器的分类、编号和用途

类　别	FX1S 系列	FX1N 系列	FX2N、FX2NC 系列	用　途
初始状态	S0 ～ S9，10 点	S0 ～ S9，10 点	S0 ～ S9，10 点	用于 SFC 的初始状态
返回状态	S10 ～ S19，10 点	S10 ～ S19，10 点	S10 ～ S19，10 点	用于返回原点状态
一般状态	S20 ～ S127，108 点	S20 ～ S999，980 点	S20 ～ S499，480 点	用于 SFC 的中间状态
掉电保持状态	S0 ～ S127，128 点	S0 ～ S999，1000 点	S500 ～ S899，400 点	用于保持停电前状态
信号报警状态	—	—	S900 ～ S999，100 点	用作报警元件

特 别 提 醒

使用步进指令需要注意的问题如下：

（1）与 STL 步进触点相连的触点应使用 LD 或 LDI 指令。

（2）初始状态可由其他状态驱动，但运行开始时必须用其他方法预先做好驱动，否则状态流程不可能向下进行。

（3）STL 触点可以直接驱动或通过别的触点驱动 Y、M、S、T 等元件的线圈和应用指令。

（4）由于 CPU 只执行活动步对应的电路块，因此使用 STL 指令时允许双线圈输出。

（5）在步的活动状态的转移过程中，相邻两步的状态继电器会同时 ON 一个扫描周期，可能会引发瞬时的双线圈问题。

（6）并行流程或选择流程中每一分支状态的支路数不能超过 8 条，总的支路数不能超过 16 条。

（7）若为顺序不连续转移（跳转），不能使用 SET 指令进行状态转移，则应改用 OUT 指令进行状态转移。

（8）STL 触点右边不能紧跟着使用入栈（MPS）指令。STL 指令不能与 MC、MCR 指令一起使用。在 FOR、NEXT 结构中，以及子程序和中断程序中，不能有 STL 程序块，但 STL 程序块中可允许使用最多 4 级嵌套的 FOR、NEXT 指令。

（9）需要在停电恢复后继续维持停电前的运行状态时，可使用 S500 ～ S899 停电保持状态继电器。

2. 顺序功能图

一个顺序控制过程可分为若干阶段，也称为步或状态，每个状态都有不同的动作。在相邻两个状态之间的转换条件得到满足时，就实现状态转换，即由上一个状态转换到下一个状态执行。

状态继电器 S 用于记录每个状态，转换条件一般为 X。在图 2-57 中，X1 为 ON 时，系统就由 S22 状态转为 S23 状态。

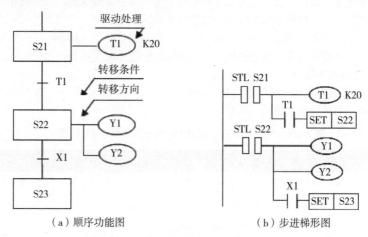

（a）顺序功能图　　　　（b）步进梯形图

图 2-57　顺序功能图与步进梯形图

顺序功能图中的每一步都包含本步驱动的内容、转移条件及指令的转换方向三个内容。如图 2-57 中的 S21 步驱动 T1，当 T1 为 ON 时，则系统由 S21 状态转为 S22 状态，T1 即为转换条件，转换的方向为 S22 步。在具体的应用中，顺序功能图、步进梯形图之间有直接的对应关系，如图 2-57 所示。

（四）实例分析

用步进指令设计一个电镀槽生产线的控制程序。

控制要求：具有手动和自动控制功能。手动时，各动作能分别操作；自动时，按下启动按钮后，从原点开始按图 2-58 所示的流程运行一周回到原点。图中：SQ1 ~ SQ4 为行车进退限位开关，SQ5、SQ6 为吊钩上、下限位开关。

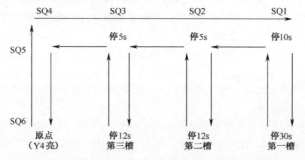

图 2-58　电镀槽生产线的控制流程

I/O 分配：　X0—自动 / 手动转换；X1—右限位；X2—第二槽限位；X3—第三槽限位；X4—左限位；X5—上限位；X6—下限位；X7—停止；X10—自动位起动；X11—手动向上；

X12—手动向下；X13—手动向右；X14—手动向左；Y0—吊钩上；Y1—吊钩下；Y2—行车右行；
Y3—行车左行；Y4—原点指示。

电镀槽生产线的外部接线图如图 2-59 所示。

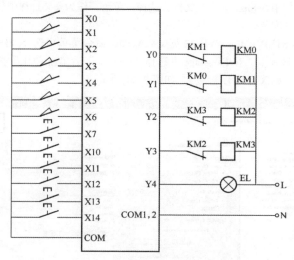

图 2-59　电镀槽生产线的外部接线图

电镀槽生产线的顺序功能图如图 2-60 所示。

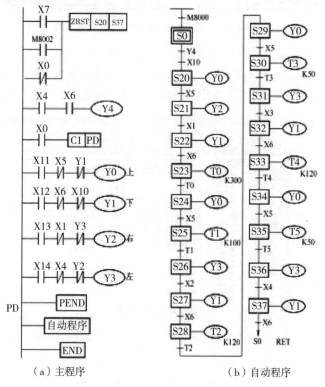

（a）主程序　　　　（b）自动程序

图 2-60　电镀槽生产线的顺序功能图

四、STEP7-Micro/WIN32 Version4.0 编程软件的使用

（一）安装

双击编程软件包中 Setup.exe 安装文件，选择"英语"作为安装过程中使用的语言，再根据安装提示进行软件安装。

打开安装好的 STEP7-Micro/WIN32 英文版软件，命令菜单中选择"File" > "Options"下选择"General"选项卡，在 Language 中选择"Chinese"后单击"OK"按钮。退出再次启动软件后，即可进入到汉化的工作环境，如图 2-61 所示。

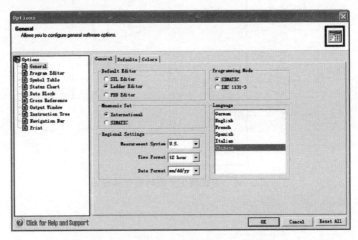

图 2-61　STEP7-Micro/WIN32 中文环境选择

（二）窗口界面

STEP7-Micro/WIN32 窗口的首行主菜单包括文件、编辑、检视、PLC、调试、工具、视窗帮助等，主菜单下方两行为工具条快捷按钮，其他为窗口信息显示区，如图 2-62 所示。

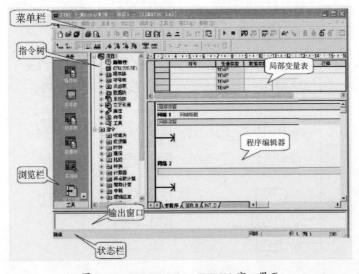

图 2-62　STEP7-Micro/WIN32 窗口界面

　　窗口信息显示区分别为程序数据显示区、浏览条、指令树和输出视窗显示区。当在检视菜单子目录项的工具栏中选中浏览栏和指令树时，可在窗口左侧垂直地依次显示出浏览条和指令树窗口；选中工具栏的输出视窗时，可在窗口的下方横向显示输出视窗框。非选中时为隐藏方式。输出视窗下方为状态条，提示 STEP7-Micro/WIN32 的状态信息。

　　浏览栏是显示常用编程按钮群组，其中包括视图（View）、工具（Tools）、指令树、状态图、输出窗口、状态栏、程序编辑器和局部变量表。

　　菜单栏提供了常用命令或工具的快捷按钮，其中包括文件（File）、编辑（Edit）、检视（View）、可编程控制器（PLC）、调试（Debug）、工具（Tools）、视窗（Windows）和帮助（help）选项。

　　工具条提供了简便的鼠标操作，将最常用的 STEP7-Micro/WIN32 操作以按钮的形式设定到工具条，包括标准（Standard）、调试（Debug）、公用（common）和指令（Instructions）4 种工具条，如图 2-63 ～图 2-66 所示。

图 2-63　标准工具条

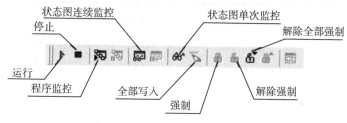

图 2-64　调试工具条

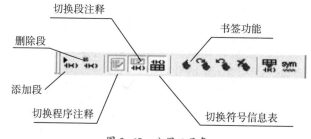

图 2-65　公用工具条

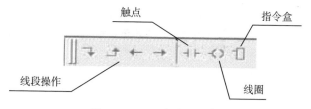

图 2-66　LAD 指令工具条

引导条为编程提供按钮控制的快速窗口切换功能，含程序块（Program Block）、符号表（Symbol Table）、状态图表（Status Chart）、数据块（Data Block）、系统块（System Block）、交叉索引（Cross Reference）和通信（Communication）等图标按钮。

指令树是编程指令的树状列表，可用"检视"（View）菜单中"指令树"（Instruction Tree）的选项来选择是否打开，并提供编程时所用到的所有快捷命令和 PLC 指令。

输出窗口是用来显示程序编译的结果信息的。此外，从引导条中点击系统块和通信按钮可对 PLC 运行的许多参数进行设置。

（三）软件编程

创建或打开已有的项目后，在编程之前应正确地设置 CPU 类型。执行菜单命令"PLC">"类型"，在出现的对话框中设置 PLC 的型号，如图 2-67 所示。

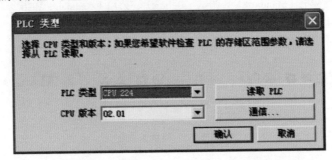

图 2-67　设置 PLC 的型号

用户程序编辑完成后，用 CPU 的下拉菜单或工具条中编译快捷按钮 ☑ 对程序进行编译，经编译后在显示器下方的输出窗口显示编译结果，并能明确指出错误的网络段，可以根据错误提示对程序进行修改，然后再次编译，直至编译无误。

单击标准工具条中下载快捷按钮或拉开文件菜单，选择下载项，弹出下载对话框，经选定程序块、数据块、系统块等下载内容后，按确认按钮，将选中内容下载到 PLC 的存储器中。

如果需要将 PLC 中未加密的程序或数据向上送入编辑器（PC），则应该选择上载功能。上载方法是单击标准工具条中上载快捷键或拉开文件菜单选择上载项，弹出上载对话框。选择程序块、数据块、系统块等上载内容后，可在程序显示窗口上载 PLC 内部程序和数据。

（四）程序运行、监控与调试

当 PLC 工作方式开关在 TERM 或 RUN 位置时，操作 STEP7-Micro/WIN 的菜单命令或快捷按钮都可以对 CPU 工作方式进行软件设置。

程序编辑器都可以在 PLC 运行时监视程序执行的过程和各元件的状态及数据。

梯形图监视功能：在调试工具条中，选中程序状态监控按钮" 🔳 "，这时闭合触点和通电线圈内部颜色变蓝（呈阴影状态）。在 PLC 的运行（RUN）工作状态，随输入条件的改变、定时及计数过程的运行，每个扫描周期的输出处理阶段将各个器件的状态刷新，可以动态显示各个定时、计数器的当前值，并用阴影表示触点和线圈通电状态，以便在线动态观察程序的运行，如图 2-68 所示。

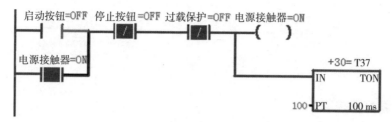

图 2-68　梯形图程序的程序状态监控

　　程序调试可结合程序监视运行的动态显示，分析程序运行的结果，以及影响程序运行的因素，然后退出程序运行和监视状态，在 STOP 状态下对程序进行修改编辑，重新编译、下载、监视运行。如此反复修改调试，直至得出正确运行结果。

第四节　PLC 的编程应用

一、交通灯的控制

（一）交通灯控制分析

1. 控制要求

（1）交通信号灯由一个开关控制启停。

（2）十字路口交通灯分为东、西、南、北 4 个方向，每个方向均有绿灯、红灯和黄灯，如图 2-69 所示。

（3）按下启动按钮，先东西方向的绿灯亮，后南北方向的红灯亮。其中红灯亮 60s，绿灯持续亮 55s 后，进行闪烁 3 次，其闪烁周期为 1s（亮、灭各 0.5s）。绿灯闪烁 3 次后熄灭，东西方向的黄灯亮，维持 2s，之后东西方向的黄灯和南北方向的红灯同时熄灭，而东西方向的红灯点亮 60s，南北方向的绿灯亮 55s 后，闪亮 3 次。南北方向的绿灯闪亮 3 次后熄灭，南北方向的黄灯亮 2s。南北方向的黄灯亮 2s 后，东西方向的绿灯亮，南北方向的红灯亮。如此循环执行上次过程。

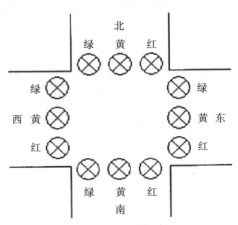

图 2-69　交通信号灯示意图

2. 时序图

按照控制要求画出交通信号灯控制时序图，如图 2-70 所示。

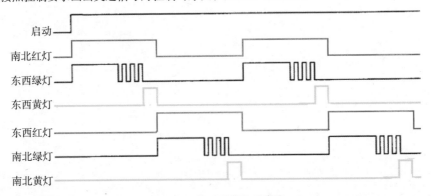

图 2-70　交通信号灯时序图

3. I/O 分配

编程序之前，根据控制要求定义 I/O 变量，见表 2-25。

表 2-25 I/O 分配

输入设备	输入地址	输出设备	输出地址
启动按钮	I0.0	东西绿灯	Q0.0
—	—	东西黄灯	Q0.1
—	—	东西红灯	Q0.2
—	—	南北绿灯	Q0.3
—	—	南北黄灯	Q0.4
—	—	南北红灯	Q0.5

4. 编写程序

此程序是一个循环类程序，交通灯执行一周的时间为 120s，可把周期 120s 分成 0～55s，55～58s，58～60s，60～115s，115～118s，118～120s，共 6 段时间。在 55～58s 和 115～118s 段，编一个周期为 1s 的脉冲程序串入其中。交通灯控制程序如图 2-71 所示。

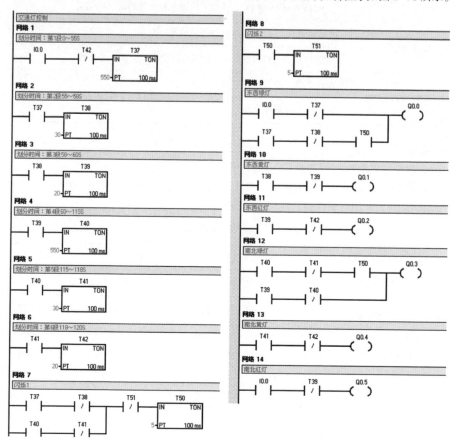

图 2-71 交通灯控制程序

（二）交通灯控制实践

1. 实践步骤

交通灯控制实践步骤见表 2-26。

表 2-26　交通灯控制实践步骤

步骤	内容
准备器材	YL 主机单元一台
	YL-PLC 交通灯控制单元一台
	编程器或计算机一台
	安全连线若干条
	PLC 串口通信线一条
设计、调试程序	按照控制要求设计程序
	在 STEP7-Micro/WIN 的环境下，键入程序并调试正确无误
硬件连接	完成计算机与 PLC 的连接和通信设置
	绘制 PLC 交通灯控制的 I/O 接线图，检查无误后完成接线
观察结果，改良方案	观察结果，验证是否与控制要求一致
	简化程序，改良方案

2. 实践过程

（1）编程计算机与 CPU 通信。

要对 S7-200 CPU 进行实际的编程和调试，需要在运行编程软件的计算机和 S7-200CPU 间建立通信连接。常用的编程通信方式见表 2-27。

表 2-27　常用的编程通信方式

PC/PPI 电缆（USB/PPI 电缆）	连接 PG/PC 的 USB 端口和 CPU 通信口
PC/PPI 电缆（RS-232/PPI 电缆）	连接 PG/PC 的串行通信口（COM 口）和 CPU 通信口
CP（通信处理器）卡	安装在 PG/PC 上，通过 MPI 电缆连接 CPU 通信口（如 PCI 接口卡 CP5611 配合台式 PC 使用，PCMCIA 卡 CP5511/5512 配合便携机使用）

PC/PPI 电缆是其中最简单经济的 S7-200 专用编程通信设备，其连接过程见表 2-28。

表 2-28 PC/PPI 电缆编程通信连接

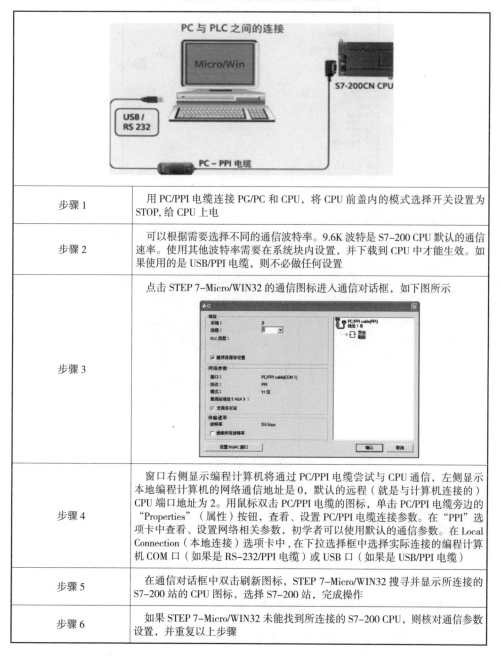

步骤 1	用 PC/PPI 电缆连接 PG/PC 和 CPU，将 CPU 前盖内的模式选择开关设置为 STOP，给 CPU 上电
步骤 2	可以根据需要选择不同的通信波特率。9.6K 波特是 S7-200 CPU 默认的通信速率。使用其他波特率需要在系统块内设置，并下载到 CPU 中才能生效。如果使用的是 USB/PPI 电缆，则不必做任何设置
步骤 3	点击 STEP 7-Micro/WIN32 的通信图标进入通信对话框，如下图所示
步骤 4	窗口右侧显示编程计算机将通过 PC/PPI 电缆尝试与 CPU 通信，左侧显示本地编程计算机的网络通信地址为 0，默认的远程（就是与计算机连接的）CPU 端口地址为 2。用鼠标双击 PC/PPI 电缆的图标，单击 PC/PPI 电缆旁边的"Properties"（属性）按钮，查看、设置 PC/PPI 电缆连接参数。在"PPI"选项卡中查看、设置网络相关参数，初学者可以使用默认的通信参数。在 Local Connection（本地连接）选项卡中，在下拉选择框中选择实际连接的编程计算机 COM 口（如果是 RS-232/PPI 电缆）或 USB 口（如果是 USB/PPI 电缆）
步骤 5	在通信对话框中双击刷新图标，STEP 7-Micro/WIN32 搜寻并显示所连接的 S7-200 站的 CPU 图标，选择 S7-200 站，完成操作
步骤 6	如果 STEP 7-Micro/WIN32 未能找到所连接的 S7-200 CPU，则核对通信参数设置，并重复以上步骤

（2）下载程序。

单击工具条中的下载图标或者在命令菜单中选择"文件">"下载"来下载程序，单击"确定"下载程序到 S7-200，如图 2-72 所示。

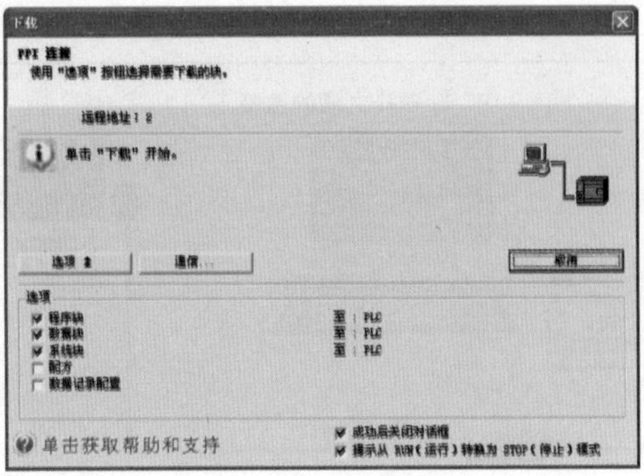

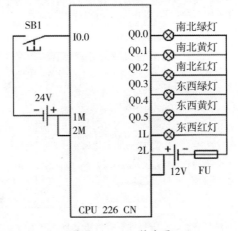

图 2-72　下载对话框

（3）连接被控设备。

根据 I/O 分配图，连接被控设备亚龙 PLC 交通灯控制单元，如图 2-73 所示。

图 2-73　I/O 接线图

（4）运行程序，观察结果。

① 将编写的控制程序下载到 PLC 中运行，观察交通灯控制单元中南北、东西的 LED 交通灯是否按照控制要求亮和灭。如果不是，应反复地调节程序，查找原因。

② 分析自己编写的程序，能否简化？是否还有其他编程方法能够实现交通灯的控制？请尝试应用比较指令或功能表图的方法。

二、运料小车运行的 PLC 控制系统

（一）运料小车运行的 PLC 控制系统分析

1. 控制要求

图 2-74 是运料小车运行控制的示意图。当小车处于后端时，按下启动按钮，小车向前运行，行进至前端压下前限位开关，翻斗门打开装货，7s 后关闭翻斗门小车向后运行，行进至后端压下后限位开关，打开小车底门卸货，5s 后底门关闭，完成一次动作。

要求控制运料小车的运行，并具有以下几种工作方式：

（1）手动操作：用各自的控制按钮来对应地控制各负载的工作方式。

（2）单周期操作：按下启动按钮，小车往复运行一次后，停在后端等待下次启动。

（3）连续操作：按下启动按钮，小车自动连续往复运行。

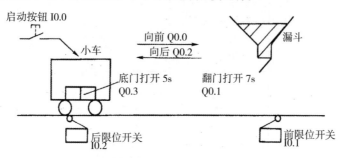

图 2-74　运料小车运行控制示意图

2. I/O 分配

根据控制要求设置的 I/O 分配如图 2-75 所示。

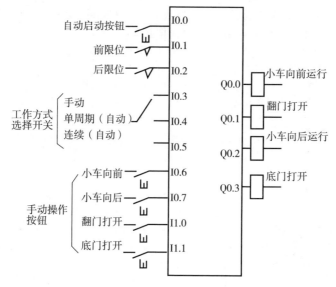

图 2-75　小车运行控制输入与输出分配

3. 编写程序

总程序结构如图 2-76 所示，其中包括手动程序和自动程序两个程序块，由跳转指令选择执行。当方式选择开关 2-76 中 I0.3 动断点断开，执行手动程序，I0.4、I0.5 触点均为闭合状态，跳过自动程序不执行。若方式选择开关接通单周期或连续操作方式，则图中 I0.3 触点闭合，I0.4 或 I0.5 触点断开，使程序执行时跳过手动程序选择执行自动程序。

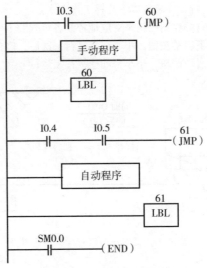

图 2-76 总程序结构图

手动操作方式的梯形图如图 2-77 所示。

自动运行方式的顺序功能图如图 2-78 所示。当在
PLC 进入 RUN 状态前就选择了单周期或连续操作方式时,
程序一开始运行初始化脉冲 SM0.1 即置位 S0.0,此时若
小车在后限位处且底门关闭(I0.2、Q0.3 触点闭合),按
下启动按钮(I0.0 触点闭合)则激活 S0.1(复位 S0.0),

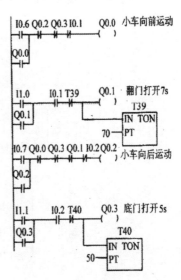

图 2-77 手动操作方式梯形图

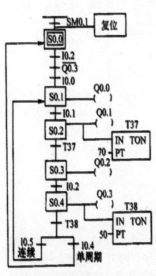

图 2-78 自动运行
方式的顺序功能图

Q0.0 线圈得电,小车向前
行进;小车行进至前限位
处(I0.1 触点闭合),激活
S0.2,Q0.1 线圈得电,翻
门打开装料,7s 后 T37 触
点闭合,激活 S0.3(复位
S0.2 关闭翻门),使 Q0.2
线圈得电,小车向后行进,
小车行进至后限位处(I0.2
触点闭合),激活 S0.4,
Q0.3 线圈得电,底门打开
卸料;5s 后 T38 触点闭合,
若为单周期运行方式,I0.4 触点接通再次激活 S0.0,此时如
果再次按下启动按钮(I0.0 触点闭合)则开始下一周期的运行;
若为连续运行式,I0.5 触点接通激活 S0.1,Q0.0 线圈得电,
小车再次向前行进,实现连续运行。与此对应的步进梯形图
如图 2-79 所示。

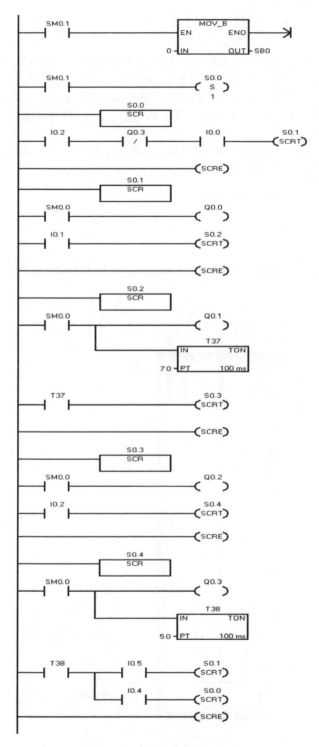

图 2-79 自动操作步进梯形图

（二）运料小车运行的 PLC 控制系统实践

运料小车运行的 PLC 控制系统实践步骤如下：

（1）接线。根据图 2-75 完成 PLC 的接线。在接线时注意，先将 PLC 主机上的电源开关拨到"关"状态，注意电源的正负不要短接，电路不要短路，否则会损坏 PLC 触点。

（2）PLC 编程。根据系统的要求编写程序。编写完程序后，将 PLC 主机的电源置于"开"状态，并且必须将 PLC 串口置于 STOP 状态，将程序下载到 PLC 中。下载完后，再将 PLC 串口置于 RUN 状态。

（3）调试。验证系统是否正常工作。用编程软件的"程序状态"功能来监视运行模式的梯形图。根据系统的工作情况调试系统。

三、四层电梯的 PLC 控制系统

（一）电梯的基本结构

1. 主体构成

电梯主要由轿厢、配重、曳引电动机、控制柜／箱、导轨等部件组成。四层电梯的简化模型如图 2-80 所示。

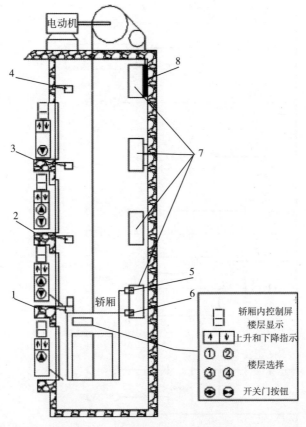

图 2-80 单部电梯平层、停层装置

1～4-楼层传感器；5-上平层传感器；6-下平层传感器；7-隔磁板；8-配重。

电梯的机房常设在建筑物的顶楼，机房内设有电梯的控制柜和曳引机以及限速器（防止电动机超速运行的保护装置），机房曳引机由曳引电动机、减速机、曳引轮和电磁抱闸组成。电梯轿厢和配重通过钢丝绳悬挂在曳引轮的两侧，靠曳引轮与钢丝绳之间的摩擦力带动轿厢运动。

轿厢内门的一侧装有一个操作盘，盘上设有选层按钮及相应的指示灯，还有开关门按钮及各种显示电梯运行状态的指示灯等，显示轿厢所在楼层的数码管通常装在操作盘的上方，有时设在门的上方。轿厢底部或上部吊挂处装有称重装置（低档电梯无称重装置），称重装置将轿厢的负载情况通报给控制系统，以便确定最佳的控制规律。轿厢的上方装有开门机，开门机由一台小电动机驱动来实现开关门动作，在门开启到不同位置时，压动行程开关，发出位置信号用以控制开门机减速或停止。在门上或门框上装有机械的或电子的门探测器，当门探测器发现门区有障碍时便发出信号给控制部分停止关门、重新开门，待故障消失后，方可关门，从而防止关门时电梯夹人、夹物。轿厢顶部设有一个接线盒，供检修人员在检修时操纵电梯用。在机房曳引机的下方是贯穿建筑物通体高度的方形竖直井道，井道侧壁上装有竖直的导轨。井道侧壁对应各楼层的相应位置装有减速、平层的隔磁板，以便发送减速、停车信号。

在各楼层候梯厅一侧开有厅门，在各层厅门的一侧面装有呼梯按钮和楼层显示装置。呼梯按钮通常有上行呼梯、下行呼梯各一个（最底层只有上行呼梯按钮，最高层只有下行呼梯按钮），按钮内（有时在按钮旁）装有呼梯响应指示灯，该指示灯表示呼梯信号被控制系统登记。

2. 电梯的电力拖动部分

电梯主拖动类型有直流电动机拖动、交流电动机拖动、直流发电机—电动机组供电（G-M）拖动、可控硅供电（SCR-M）的直流拖动、交流双速电动机拖动、交流调压调速（ACVV）拖动、交流变频调速（VVVF）拖动等。因直流电梯的拖动电动机有电刷和换相器，维护量较大、可靠性低，现已被交流调速电梯所取代。为了得到较好的舒适感，要求曳引电动机在选定的调速方式下，电动机的输出转矩总能达到负载转矩的要求，考虑电压波动、导轨不够平直造成的运动阻力增大等因素，电动机转矩还应有一定的裕度。

3. 电梯的电气控制部分

电梯的电气控制部分主要有继电器控制和计算机控制两种控制方式。采用继电器控制系统的电梯故障率高，大大降低了电梯的运行可靠性和安全性，所以基本上已经被淘汰。由于计算机种类很多，根据计算机控制系统的组成方法及运行方式的不同，计算机控制可分为PLC控制与微机控制两种方式。其中PLC具有体积小、功能强、故障率低、寿命长、噪声低、能耗小、维护保养简便、修改逻辑灵活、程序容易编制、易组成控制网络等诸多优点，因此得到了广泛应用。

（二）四层电梯的控制逻辑分析

本例中着重介绍电梯的升降逻辑，不调节主电动机升降速度。此系统是以 OMRON CPM2A 系列 PLC 为基础分析和编程的。

1. 电梯控制要求

电梯控制要求如下：

（1）接收并登记电梯在楼层以外的所有指令信号、呼梯信号，并输出登记信号。

（2）根据最早登记的信号，自动判断电梯是上行还是下行。

（3）电梯接收到多个信号时，采用首个信号定向，同向信号先执行，一个方向任务全部执行完后再换向。例如，电梯在三楼，依次输入二楼指令信号、四楼指令信号、一楼指令信号。如用信号排队方式，则电梯下行至二楼→上行至四楼→下行至一楼。而用同向先执行方式，则为电梯下行至二楼→下行至一楼→上行至四楼。显然，第二种方式往返路程短，因而效率高。

（4）具有同向截车功能。例如，电梯在一楼，指令为四楼则上行，上行中三楼有呼梯信号，如果该呼梯信号为呼梯向上，则当电梯到达三楼时停站顺路载客；如果呼梯信号为呼梯向下，则不能停站，而是先到四楼后再返回到三楼停站。

（5）一个方向的任务执行完要换向时，依据最远站换向原则。例如，电梯在一楼，根据二楼指令向上，此时三楼、四楼分别有呼梯向下信号。电梯到达二楼停站，下客后继续向上。如果到三楼停站换向，则四楼的要求不能兼顾，如果到四楼停站换向，则到三楼可顺向截车。

2. 电梯输入与输出信号分析

（1）输入信号分析。

① 位置信号：位置信号由安装于电梯停靠位置的 4 个传感器 SQ1–SQ4 产生，平时为 OFF，当电梯运行到该位置时为 ON。

② 指令信号：指令信号有 4 个，分别由"一至四"（K10–K7）4 个指令按钮产生。按某按钮，表示电梯内乘客欲往相应楼层。

③ 呼梯信号：呼梯信号有 6 个，分别由 K1 ~ K6 个呼梯按钮产生。按呼梯按钮，表示电梯外乘客欲乘电梯。例如，按 K3 则表示二楼乘客欲往上，按 K4 则表示三楼乘客欲往下。

（2）输出信号分析。

① 运行方向信号：运行方向信号有 2 个，由 2 个箭头指示灯组成，显示电梯运行方向。

② 运行驱动信号：运行驱动信号有 2 个，分别控制电梯的运行方向。

③ 指令登记信号：指令登记信号有 4 个，由指示灯组成，表示相应的指令信号已被接收（登记）；指令执行完后，信号消失（消号）。

④ 呼梯登记信号：呼梯登记信号有 6 个，由指示灯组成，其意义与上述指令登记信号相类似。

⑤ 开门、关门信号。

⑥ 楼层数显信号：该信号表示电梯目前所在的楼层位置，由 7 段数码显示构成，LEDa–LEDg 分别代表各段笔画。

3. I/O 端子分配

电梯控制系统的输入 / 输出信号及地址编号如表 2–29 所示。

表 2–29　四层电梯控制的 I/O 分配

输入		输出	
I0.0	一楼位置开关 SQ1	Q0.0	上行指示
I0.1	二楼位置开关 SQ2	Q0.1	下行指示
I0.2	三楼位置开关 SQ3	Q0.2	上行驱动
I0.3	四楼位置开关 SQ4	Q0.3	下行驱动

续表

输入		输出	
I0.4	一楼指令开关 K10	Q0.4	一楼指令登记
I0.5	二楼指令开关 K9	Q0.5	二楼指令登记
I0.6	三楼指令开关 K8	Q0.6	三楼指令登记
I0.7	四楼指令开关 K7	Q0.7	四楼指令登记
I1.0	一楼上行按钮 K1	Q1.0	一楼上行呼梯登记
I1.1	二楼上行按钮 K3	Q1.1	二楼上行呼梯登记
I1.2	三楼上行按钮 K5	Q1.2	三楼上行呼梯登记
I1.3	二楼下行按钮 K2	Q1.3	二楼下行呼梯登记
I1.4	三楼下行按钮 K4	Q1.4	三楼下行呼梯登记
I1.5	四楼下行按钮 K6	Q1.5	四楼下行呼梯登记
		Q1.6	开门模拟
		Q1.7	关门模拟
		Q2.0	LEDa
		Q2.1	LEDb
		Q2.2	LEDc
		Q2.3	LEDd
		Q2.4	LEDe
		Q2.5	LEDf
		Q2.6	LEDg

4. 四层电梯模型控制程序清单

本系统采用厅门外召唤、轿厢内按钮控制的自动控制方式，四层电梯模型控制程序清单如图 2-80 所示。

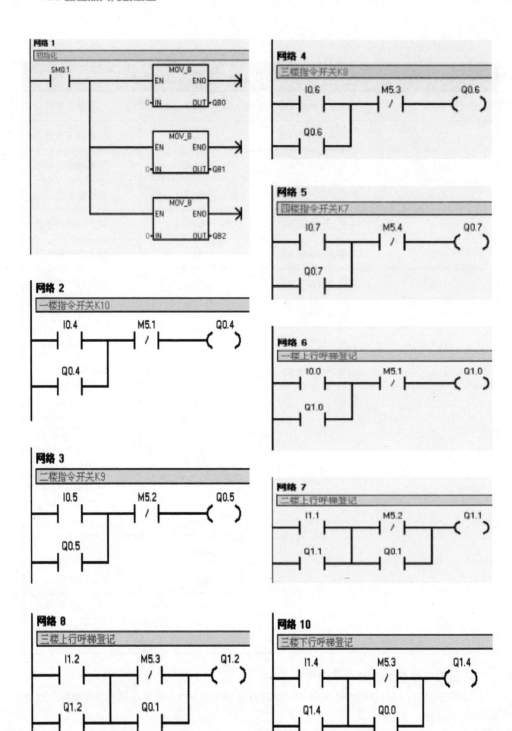

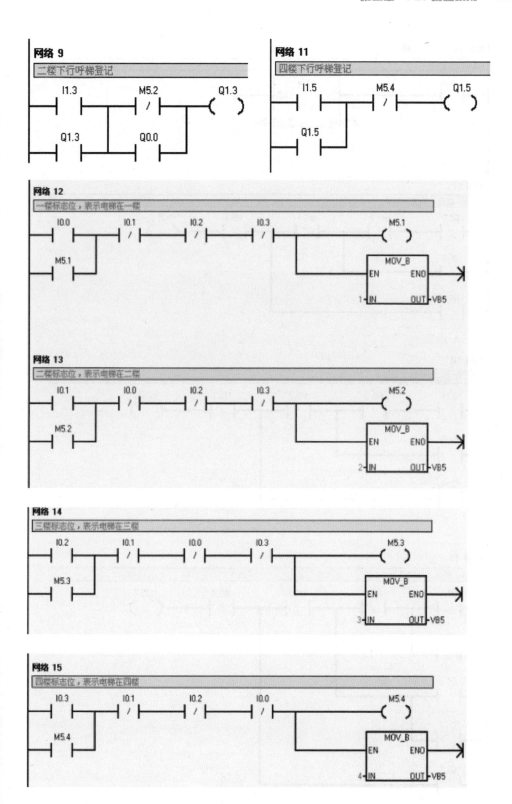

网络 9
二楼下行呼梯登记

网络 11
四楼下行呼梯登记

网络 12
一楼标志位，表示电梯在一楼

网络 13
二楼标志位，表示电梯在二楼

网络 14
三楼标志位，表示电梯在三楼

网络 15
四楼标志位，表示电梯在四楼

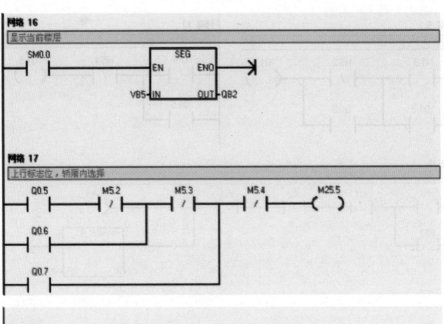

网络 16

显示当前楼层

```
    SM0.0              SEG
    ──┤ ├──         ┌──────────┐
                    │ EN    ENO│──────▶
                    │          │
               VB5──┤ IN   OUT │──QB2
                    └──────────┘
```

网络 17

上行标志位，轿厢内选择

```
    Q0.5      M5.2      M5.3      M5.4      M25.5
    ──┤ ├──┬──┤/├──┬──┤/├──┬──┤/├────( )──
    Q0.6   │       │       │
    ──┤ ├──┤       │       │
    Q0.7   │       │       │
    ──┤ ├──┘       │       │
```

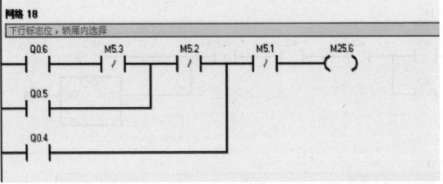

网络 18

下行标志位，轿厢内选择

```
    Q0.6      M5.3      M5.2      M5.1      M25.6
    ──┤ ├──┬──┤/├──┬──┤/├──┬──┤/├────( )──
    Q0.5   │       │       │
    ──┤ ├──┤       │       │
    Q0.4   │       │       │
    ──┤ ├──┘       │       │
```

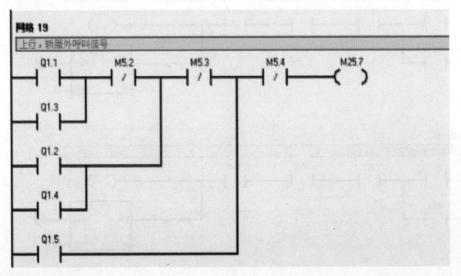

网络 19

上行，轿厢外呼叫信号

```
    Q1.1      M5.2      M5.3      M5.4      M25.7
    ──┤ ├──┬──┤/├──┬──┤/├──┬──┤/├────( )──
    Q1.3   │       │       │
    ──┤ ├──┤       │       │
    Q1.2   │       │       │
    ──┤ ├──┤       │       │
    Q1.4   │       │       │
    ──┤ ├──┤       │       │
    Q1.5   │       │       │
    ──┤ ├──┘       │       │
```

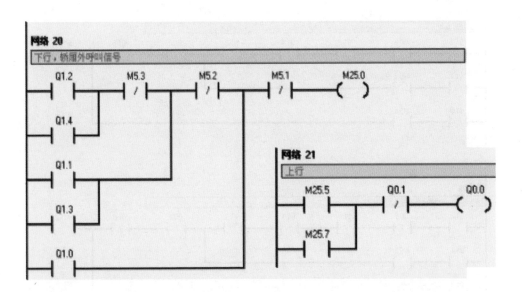

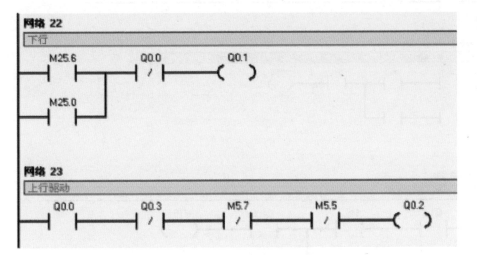

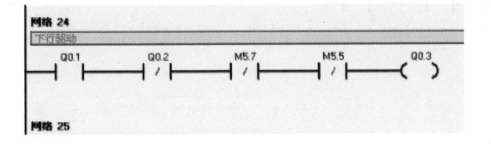

网络 25

停车辅助 换向

```
  Q1.3    Q0.6    Q1.2    Q1.4    M5.2    Q0.7    Q1.5         M15.1
──┤├──────┤/├─────┤/├─────┤/├─────┤├──────┤/├─────┤/├────────( )

  Q1.4    M5.3
──┤├──────┤├─

  Q1.5    M5.4
──┤├──────┤├─
```

网络 26

停车辅助，其他楼层无呼叫时停车换向

```
  Q1.2    Q0.5    Q1.1    Q1.3    M5.3    Q0.4    Q1.0         M15.2
──┤├──────┤/├─────┤/├─────┤/├─────┤├──────┤/├─────┤/├────────( )

  Q1.1    M5.2
──┤├──────┤├─

  Q1.0    M5.1
──┤├──────┤├─
```

网络 27

上行中，停车辅助，正在上行中，行驶至二楼/三楼，且二楼/三楼有上行呼叫信号，停车

```
  Q1.1    M5.2    Q0.0    M15.5
──┤├──────┤├──────┤├─────( )

  Q1.2    M5.3
──┤├──────┤├─
```

网络 28

下行中，停车辅助，正在下行中，行驶至二楼/三楼，且二楼/三楼有下行呼叫信号，停车

```
  Q1.3         M5.2         Q0.1         M15.6
──┤├───────────┤├───────────┤├─────────( )

  Q1.4         M5.3
──┤├───────────┤├─
```

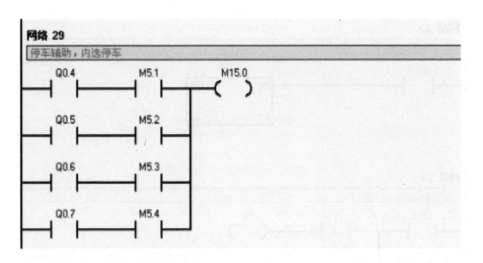

网络 29

停车辅助，内选停车

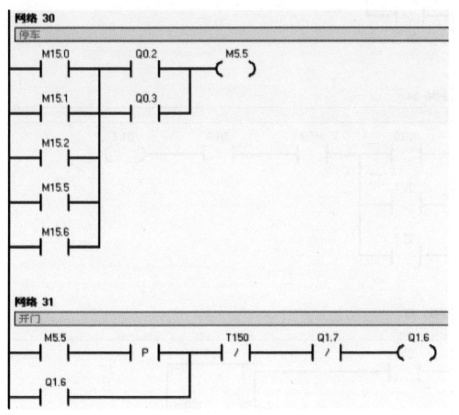

网络 30

停车

网络 31

开门

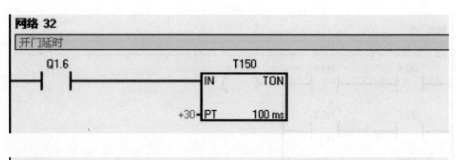

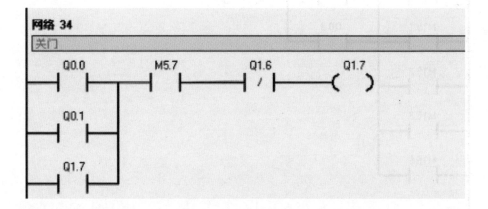

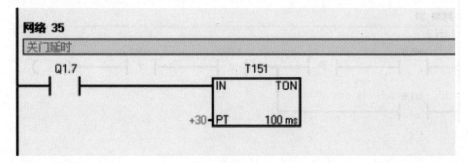

图 2-80 四层电梯模型控制清单

四、准备工作与控制实践

（一）准备工作

准备工作如下：

（1）PLC 主机单元 1 台；

（2）四层电梯控制单元 1 台；

（3）编程器或计算机 1 台；

（4）安全连线若干条；

（5）PLC 串口通信线 1 条。

（二）实践步骤

实践步骤如下：

（1）先将 PLC 主机上的电源开关拨到"关"状态，注意 12V 和 24V 电源的正负不要短接，电路不要短路，否则会损坏 PLC 触点；

（2）将电源线插进 PLC 主机表面的电源孔中，再将另一端插到 220V 电源插板；

（3）按照分析中的控制要求独立编写控制程序；

（4）将 PLC 主机的电源开关拨到"开"状态，并且必须将 PLC 串口置于 STOP 状态，然后通过计算机或编程器将程序下载到 PLC 中，下载后，再将 PLC 串口置于 RUN 状态；

（5）程序调试。

第三章　PLC 控制系统

第一节　PLC 控制系统设计

一、PLC 控制设计系统的基本原则与基本内容

（一）设计的基本原则

任何一种电气控制系统都是为了实现被控制对象（生产设备或生产过程）的工艺要求，以提高生产效率和产品质量，因此，在设计 PLC 控制系统时应遵循以下基本原则：

（1）PLC 的选择除了应满足技术指标的要求外，还应重点考虑该公司产品的技术支持与售后服务的情况。一般应选择在所设计系统本地有着较方便的技术服务机构或较有实力的代理机构的公司产品，同时应尽量选择主流机型。

（2）最大限度地满足被控对象的控制要求。设计前，应深入现场进行调查研究，搜索资料，并与机械部分的设计人员和实际操作人员密切配合，共同拟订电气控制方案，协同解决设计中出现的各种问题。

（3）在满足控制要求的前提下，力求使控制系统简单、经济，使用及维修方便。

（4）保证控制系统的安全、可靠。

（5）考虑生产的发展和工艺的改进，在选择 PLC 容量时，应适当留有裕量。当然对于不同的用户，要求的侧重点有所不同，设计的原则应有所区别：如果以提高产品产量和安全为目标，则应该将系统可靠性放在设计的重点，甚至考虑采用冗余控制系统；如果要求系统改善信息管理，则应将系统通信能力与总线网络设计加以强化。

（二）设计的基本内容

PLC 控制系统是由 PLC 与用户输入、输出设备连接而成的，用以完成预期的控制目的与相应的控制要求。PLC 控制系统设计的基本内容如下：

（1）根据生产设备或生产过程的工艺要求，以及所提出的各项控制指标与经济预算，进行系统的总体设计。

（2）根据控制要求基本确定数字 I/O 点和模拟量通道数，进行 I/O 点初步分配，绘制 I/O 使用资料图。

（3）进行 PLC 系统配置设计，主要为 PLC 的选择。PLC 是 PLC 控制系统的核心部件，正确选择 PLC 对于保证整个控制系统的技术经济性能指标起着重要的作用。选择 PLC 应包

括机型的选择、容量的选择、I/O 模块的选择、电源模块的选择等。

（4）选择用户输入设备（按钮、操作开关、限位开关、传感器等）、输出设备（继电器、接触器、信号灯执行元件）以及由输出设备驱动的控制对象（电动机、电磁阀等），这些设备属于一般的电器元件。

（5）设计控制程序。在深入了解与掌握控制要求、主要控制的基本方式以及完成的动作、自动工作循环的组成、必要的保护和联锁等方面情况之后，对较复杂的控制系统，可用状态流程图形式全面表达出来。必要时还可将控制任务分成几个独立部分，这样可化繁为简，有利于编程和调试。程序设计主要包括绘制控制系统流程图、编制语句表达程序清单。

控制程序是控制整个系统工作的条件，是保证系统工作正常、安全、可靠的关键。因此，控制系统的设计必须经过反复调试、修改，直到满足要求为止。

二、PLC 控制系统设计的一般步骤

PLC 控制系统设计的一般步骤如下：

（1）分析被控对象。分析被控对象的工艺过程及工作特点，了解被控对象机电之间的配合，确定被控对象对 PLC 控制系统的控制要求。

（2）确定输入 / 输出设备。根据系统的控制要求，确定系统所需的输入设备（如按钮、位置开关、转换开关等）和输出设备（如接触器、电磁阀、信号指示灯等），据此确定 PLC 的 I/O 点数。

（3）选择 PLC。包括 PLC 的机型、容量、I/O 模块、电源的选择。

（4）分配 I/O 点。分配 PLC 的 I/O 点，画出 PLC 的 I/O 端子与输入 / 输出设备的连接图或对应表［可结合第（2）步骤进行］。

（5）设计软件及硬件。进行 PLC 程序设计，进行控制柜（台）等硬件及现场施工。由于程序与硬件设计可同时进行，因此 PLC 控制系统的设计周期可大大缩短，而对于继电器系统必须先设计出全部的电气控制电路后才能进行施工设计。

① 程序设计。

a. 对于较复杂的控制系统，需绘制系统控制流程图，用以清楚地表明动作的顺序和条件。对于简单的控制系统可省去这一步。

b. 设计梯形图。这是程序设计的关键一步，也是比较困难的一步。设计好梯形图，首先要十分熟悉控制要求，同时还要有一定的电气设计的实践经验。

c. 根据梯形图编制语句表程序清单。

d. 用编程器将程序键入到 PLC 的用户存储器中，并检查键入的程序是否正确。

e. 对程序进行调试和修改，直到满足要求为止。

f. 待控制台（柜）及现场施工完成后，就可以进行联机调试。如不满足要求，再修改程序或检查接线，直到满足要求为止。

g. 编制技术文件。

h. 交付使用。

② 硬件及现场施工设计：

a. 设计控制柜和操作面板电器布置图及安装接线图。

b. 设计控制系统各部分的电气互连图。

c. 根据图纸进行现场接线，并检查。

（6）联机调试。联机调试是指将模拟调试通过的程序进行在线统调。联机调试过程应循序渐进，从 PLC 先连接输入设备、再连接输出设备（包括实际负载等）逐步进行调试。如

不符合要求，则对硬件和程序做调整。通常只需修改部分程序即可。全部调试完毕后，交付试运行。经过一段时间运行，如果工作正常、程序不需要修改，则应将程序固化到 EPROM 中，以防程序丢失。

（7）整理技术文件。包括设计说明书、电气安装图、电气元件明细表及使用说明书等。

三、PLC 的选择

（一）PLC 控制系统模式的选择

1. 单机控制系统

如图 3-1 所示，采用一台 PLC 控制一台被控设备的形式。它是最一般的 PLC 控制系统，其 I/O 点数和存储器容量比较小，控制系统的构成简单明了。

任何类型的 PLC 都可选择，但不宜将 PLC 的功能和 I/O 点数、存储器容量的裕量选择过大。这种控制模式一般适合用于控制简单的小型系统。

2. 集中控制系统

采用一台 PLC 控制多台被控设备的形式。该控制系统多用于各种控制对象所处的地理位置比较接近，且相互之间动作有一定联系的场合。如果各控制对象地理位置比较远，而且大多数的输入/输出线要引入控制器，这时需要大量的电缆线，施工量也大，系统成本增加。在这种场合，推荐使用远程 I/O 控制系统。图 3-2 是集中控制系统的结构，它比单机控制系统要经济得多。

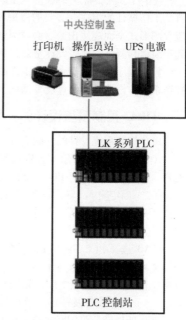

图 3-1 单机控制系统

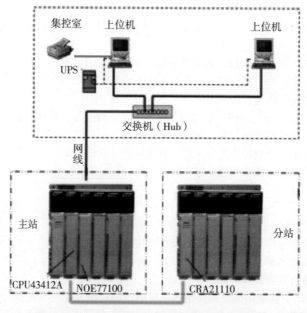

图 3-2 集中控制系统

特 别 提 醒

　　采用集中控制系统时，必须注意将 I/O 点数和存储容量选择裕量大些，以便增设控制对象。

　　当某一个控制对象的控制程序需要改变时，必须停止运行控制器，其他的控制对象也必须停止运行，这是集中控制系统的最大缺点。因此，该控制系统用于有多台设备组成的流水线上比较合适。当一台设备停运时，整个生产线都必须停运，从经济上的考虑是有利的。

3. 分散控制系统

　　分散控制系统的基本结构如图 3-3 所示。在许多分散控制系统中，每一台 PLC 控制一个对象，各控制器之间可以通过信号传递加以沟通联系，或由上位机通过数据总线进行通信。
　　分散控制系统多用于多余机械生产线的控制，各条生产线间有数据连接。由于各控制对象都由自己的 PLC 控制，当某一台 PLC 停运时，不需要停运其他 PLC。该控制方式与集中控制系统具有相同的 I/O 点数时，虽然分散式多用了一台或几台 PLC，导致价格偏高，但从维护、运转或增设控制对象等方面看，极大地增设了系统控制的柔韧性。

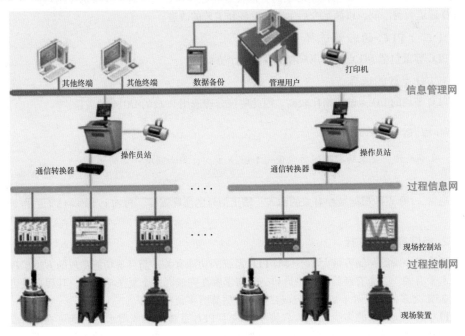

图 3-3　分散控制系统

4. 远程 I/O 控制系统

　　远程 I/O 系统(RIOS)就是 I/O 模块不是与 PLC 放在一起，而是远距离地放在被控设备附近。RIOS 提供了应用同一个系统与其他产品相连接的能力。远程 I/O 通道与控制器之间通过同轴电缆线连接传递信息。由于不同企业的不同型号的 PLC 所能驱动的同轴电缆线长度是不同的，必须按控制系统的需要选用。有时会发现，某种型号 PLC 虽能满足所需的功能和要求，但仅由于能驱动同轴电缆长度的限制而不得不改用其他型号 PLC。图 3-4 是远程 I/O 控制系统的构成，其中使用 3 个远程 I/O 通道（A、B、C）和一个本地 I/O 通道（M）。

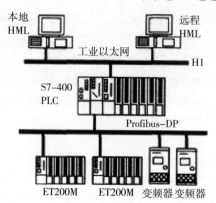

图 3-4　远程控制系统

如前所述，远程 I/O 通道适用于控制对象远离主控室的场合。一个控制系统需设置多少个远程 I/O 通道（站）要视控制对象的分散程度和距离而定，同时也受所选控制器所能驱动的 I/O 通道数的限制，以满足今后生产的发展和工艺的改进。

（二）PLC 的容量选择

PLC 容量包括 I/O 点数和用户存储容量两个方面。

1. I/O 点数的选择

PLC 平均的 I/O 点的价格比较高，因此应该合理选用 PLC 的 I/O 点的数量。

特 别 提 醒

在满足控制要求的前提下力争使用 I/O 点最少，但必须有一定的裕量。

通常，I/O 点数根据被控对象的输入、输出信号的实际需要，再加上 10%~15% 的裕量来确定。

2. 存储容量的选择

用户程序所需存储容量大小不仅与 PLC 系统的功能有关，而且与功能实现的方法、程序编写水平有关。一个有经验的程序员和一个初学者在完成同一个复杂功能时，其程序量可能相差 25% 之多，所以对于初学者应该在存储量估算时多留裕量。

PLC 的 I/O 点数的多少在很大程度上反映了 PLC 系统的功能要求，因此可在 I/O 点数确定的基础上，按下式估算存储容量，再加上 20% ～ 30% 的裕量：存储容量（字节）= 开关量 I/O 点数 ×10+ 模拟量 I/O 通道数 ×100。

特 别 提 醒

在存储容量选择的同时，注意对存储器类型的选择。

（三）I/O 模块的选择

一般 I/O 模块的价格占 PLC 价格的一半以上。不同的 I/O 模块，其电路及功能也不同，直接影响 PLC 的应用范围和价格。下面仅介绍有关开关量 I/O 模块的选择。

1. 开关量输入模块的选择

PLC 的输入模块是用来检测接收现场输入设备的信号，并将输入的信号转换为 PLC 内部接收的低电压信号。

（1）输入信号的类型及电压等级的选择。

常用的开关量输入模块的信号类型有直流输入、交流输入和交流／直流输入，一般根据现场输入信号及周围环境来选择。

交流输入模块接触可靠，适合于有油雾、粉尘的恶劣环境下使用；直流输入模块的延迟时间较短，还可以直接与接近开关、光电开关等电子输入设备连接。

PLC 的开关量输入模块按输入信号的电压大小分类有直流 5V、24V、48V、60V 等，交流 110V、220V 等。应根据现场输入设备与输入模块之间的距离来选择。5V、12V、24V 一般用于传输距离较近场合。例如，5V 的输入模块最远距离不得超过 10m，较远距离的应选用电压等级较高的模块。

（2）输入接线方式选择。

按输入电路接线方式的不同，开关量输入模块可分为汇点式输入和分组式输入两种，如图 3-5 所示。

汇点式输入模块的输入点共用一个 COM 端；而分组式输入模块是将模块分成若干组，一组共用一个 COM，每组之间是分隔的。分组式输入模块的每点价格较高，如果输入信号之间不需要分开，则应选择汇点式。

（3）同时接通的输入点的数量。

对于选用高密度的输入模块（32 点、48 点），应考虑该模块同时接通的输入点的数量一般不超过点数的 60%。

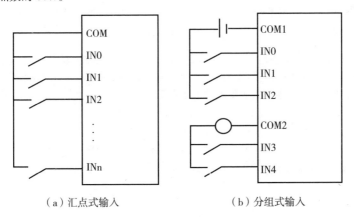

（a）汇点式输入　　　　　　　（b）分组式输入

图 3-5　输入的接线方式

2. 开关量输出模块的选择

输出模块是将 PLC 内部低电压信号转换为外部输出设备所需的驱动信号。选择时主要应该考虑负载电压的种类和大小、系统对延迟时间的要求、负载的状态变化是否频繁等。

（1）输出方式的选择。

开关量输出模块有继电器输出、晶闸管输出和晶体管输出三种方式。继电器输出的价格低，既可以用于驱动交流负载，又可以用于直流负载，而且适用的电压大小范围较宽、导通压降小，同时承受瞬时过电压和过电流的能力较强。但它属于有触点元件，其动作速度较慢、寿命短，可靠性较差，因此，只能适用于不频繁通断的场合。当用于驱动感性负载时，其触点动作频率不超过 1Hz。

┌─────────────────┐
│ 特 别 提 醒 │
└─────────────────┘

对于频繁通断的负载，应该选用双向晶闸管输出或晶体管输出，它们属于无触点元件。但双向晶闸管输出只能用于交流负载，而晶体管输出只能用于直流负载。

（2）输出接线方式的选择。

按 PLC 的输出接线方式的不同，一般有分组式输出和分隔式输出两种，如图 3-6 所示。

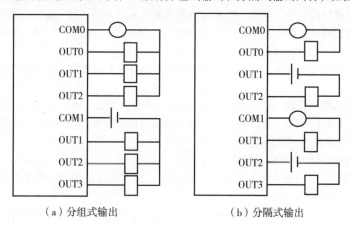

（a）分组式输出　　　　　　　（b）分隔式输出

图 3-6　输出接线方式

分组式输出是几个输出点为一组，共用一个公共端，各组之间是分隔的，可分别使用不同的电源。分隔式输出的每一个输出点有一个公共端，各输出点之间相互隔离，每个输出点可使用不同的电源。主要根据系统负载的电源种类的多少而定。整体式 PLC 一般既有分组式输出也有分隔式输出。

（3）输出电流的选择。

输出模块的输出电流（驱动能力）必须大于负载的额定电流。用户应根据实际负载电流的大小选择模块的输出电流。如果实际负载电流较大，输出模块无法直接驱动，则可增加中间放大环节。

（4）同时接通的输出点数量。

选择输出模块时，还应考虑能同时接通的输出点数量。同时接通输出的累计电流值必须小于公共端所允许通过的电流值。如一个 220V/2A 的 8 点输出模块，每个输出点可以通过 2A 的电流，但输出公共端允许通过的电流不是 16A（8×2），通常要比此值小得多。一般来说，同时接通的点数不超出同一公共端输出点数的 60%。

（5）输出的最大负载电流与负载类型、环境温度等因素的关系。

表 3-1 列出了 FX 系列 PLC 的输出技术指标，它与不同的负载密切相关。另外，双向晶闸管的最大输出电流随环境温度升高会降低，在实际使用中也应注意。

表 3-1 FX2 系列 PLC 的输出技术指标

项目		继电器输出	双向晶闸管输出①	晶体管输出
最大负载	电阻负载	① 2A/1 点　8A/4 点 COM	0.3A/1 点　0.8A/4 点	② 0.5A/1 点，0.8A/4 点，1.6A/6 点 ③ 0.5A/1 点，1.6A/16 点 ④ 1A/1 点，2A/4 点
	感性负载	80V · A	15V · A/AC100V 30V · A/AC200V	② 12W/DC24V ③ 7.2W/DC24V ④ 24W/DC24V

（四）电源模块及其他外设的选择

电源模块及其他外设的选择如下：

（1）电源模块的选择。电源模块的选择较为简单，只需考虑电源的额定输出电流就可以。电源模块的额定电流必须大于 CPU 模块、I/O 模块及其他模块的总消耗电流。电源模块选择仅对于模块式结构的 PLC 而言，对于整体式 PLC 不存在电源的选择。

（2）编程器的选择。对于小型控制系统或不需要在线编程的 PLC 系统，一般选用价格低的简易编程器。对于由中高档 PLC 构成的复杂系统或需要在线编程的 PLC 系统，可以选配功能强、编程方便的智能编程器，但智能编程器价格高。如果有现成的个人计算机，可以选用 PLC 的编程软件包，在个人计算机上实现编程器的功能。

（3）写入器的选择。为了防止干扰使锂电池电压变化等原因破坏 RAM 中的用户和程序，可选用 EPROM 写入器，通过它将用户程序固化在 EPROM 中。现在有些 PLC 或其编程器本身就具有 EPROM 写入器的功能。

四、PLC 设计应注意的安全问题

若拥有原始程式，则只要将 PLC 记忆体全部消除即可。清除方法如下：

（1）掌上型程式书写器。当书写器与 PLC 连接后，选择 ONLINE 模式，屏幕会要求输入密码，此时按 SP 键 8 次，再按 GO 键 3 次，PLC 就恢复到出厂时的状态，只需再将原始程序输入 PLC 即可。

（2）使用 FXN,DOS 版 2.0 以上版本软件。在 MODE 视窗中按 7、5、3，再于出现的画面中选项，以上、下键选择"MEMORY ALL CLEAR"再按"Enter"键。如此，PLC 内部记忆体全部被清除，使用者再将原始程序打入 PLC 即可。

（3）使用 FXN Windows 版 V1.0 以上版本软件。首先将原始程序显示于屏幕上，将 PLC 置于 STOP 状态，再于画面上功能选择列中选 PLC，再选 PLC memory clear…，跳出新的画面后，将三项选项全部选定，再按"Enter"键，画面将出现"确定"及"取消"，选"确定"，后按"Enter"键该画面若消失，亦表示该 PLC 已恢复到出厂时的状态，可以重新写入程序。

第二节 PLC 的安装与维护

一、PLC 干扰分析

随着 PLC 技术的不断成熟，基于 PLC 的控制系统被广泛应用于工业控制。因此，PLC 控制系统的可靠性将直接影响企业的生产安全和经济效益，而系统的抗干扰能力则是保证系统可靠运行的重要指标之一。在济钢中厚板厂加热炉区域使用的 PLC 一部分是安装在控制室，另一部分是安装在生产现场。安装在现场的 PLC 处在强电电路和强电设备所形成的恶劣电磁环境中。要提高 PLC 控制系统可靠性，一方面要求 PLC 生产厂家提高设备的抗干扰能力；另一方面要求在工程设计、安装施工和使用维护中引起高度重视，多方配合才能完善解决问题，有效地增强系统的抗干扰性能。

PLC 系统的主要干扰源有以下三种。

（1）来自电源的干扰。加热炉 PLC 系统的供电电源由电网供电。由于电网覆盖范围广，它将受到所有空间电磁干扰而在线路上感应电压和电路。尤其是电网内部的变化，如开关操作浪涌、大型电力设备起停、交直流传动装置引起的谐波、电网短路暂态冲击等，都通过输电线路传到电源原边。虽然 PLC 电源采用隔离电源，但其机构及制造工艺因素使其隔离性并不理想。实际上，由于分布参数特别是分布电容的存在，绝对隔离是不可能的。

（2）来自信号线的干扰。与 PLC 控制系统连接的各类信号传输线，除了传输有效的各类信息之外，总会有外部干扰信号侵入。此干扰主要有两种途径：一是通过变送器供电电源或共用信号仪表的供电电源串入的电网干扰，这往往被忽视；二是信号线受空间电磁辐射感应的干扰，即信号线上的外部感应干扰，这是很严重的。如济钢中厚板厂二号蓄热式加热炉的自动出钢系统，由于出钢机、炉门的电动机电源线与控制回路的信号线的距离偏近，出钢机起停过程中产生电磁辐射，控制回路的信号线受电磁辐射感应的干扰，致使自动出钢系统时常在自动出钢时工作异常，如在出钢机前进过程中，炉门突然下降，使炉门与出钢托杆相撞，将炉门撞坏。后经改造，使控制回路的信号线远离强电电源，才得以控制。

（3）来自接地系统混乱时的干扰。接地是提高电子设备电磁兼容性的有效手段之一。正确接地，既能抑制电磁干扰的影响，又能抑制设备向外发出干扰；而错误接地，会引入严重的干扰信号，使 PLC 系统无法正常工作。PLC 控制系统的地线包括系统地、屏蔽地、交流地和保护地等。接地系统混乱对 PLC 系统的干扰主要是各个接地点电位分布不均，不同接地点间存在地电位差，引起地环路电流，影响系统正常工作。如济钢中厚板厂蓄热式加热炉在大修施工期间，将 PLC 系统的系统地、屏蔽地、保护地接到一起，造成整个炉子的控制系统极不稳定，如时常接收到误信号（PLC 接收到引风机、循环水泵、给水泵等掉电信号，而实际上以上设备均正常运行），使炉子联锁紧急停炉，严重威胁到生产的正常运行。后将 PLC 系统的系统地、屏蔽地、保护地独立接地，才得以控制。

针对干扰源，PLC 在硬件上采取的主要措施如下：

（1）屏蔽。对电源变压器、CPU、编程器等主要部件，采用导电、导磁良好的材料进行屏蔽，以防外界干扰。

（2）滤波。对供电系统及输入线路采用多种形式的滤波，以消除或抑制高频干扰，也削弱了各模块之间的相互影响。

（3）电源调整与保护。对 CPU 这个核心部件所需的 +5V 电源，采用多级滤波，并用集成电压调整器进行调整，以适应交流电网的滤动和过电压、欠电压的影响。

（4）隔离。在 CPU 与 I/O 电路间采用光电隔离措施，有效隔离 I/O 间的联系，减少故障误动作。

（5）采用模块式结构。这种结构有助于在故障情况下短时修复，因为一旦查出某一模块出现故障，就能迅速更换，使系统恢复正常工作，也有助于加快查找故障原因。

二、可编程控制器的安装

（一）PLC 安装的基本原则

PLC 安装的基本原则如下：

（1）安全。安装牢固，接线正确，可靠；导线无破损，无毛刺，线头无碰壳、无裸露；有接地或接零、短路、过载、过压、欠压等安全保护措施；有紧急停车装置。

（2）规范。安装、布线符合电气安装标准。

（3）美观。布线和走线简洁明了、有序整齐；走线尽可能使用汇线槽；不同类型的导线使用不同的颜色；为区分导线，必须在每根导线上标上线号；多根导线汇合要用线扎紧或用胶固定。

（4）经济。以能满足控制要求为准，尽可能少用电器，布线要尽可能简短；避免损坏元器件，减少浪费。

（二）安装环境

可编程控制器适用于大多数工业现场，但它对使用场合、环境温度还是有一定要求的。控制可编程控制器的工作环境可以有效提高它的使用寿命。可编程控制器的安装环境要求如下：

（1）温度。PLC 使用的环境温度为 0~55℃。安装时应远离发热量大的元件，且四周要有足够的散热空间，控制柜上、下部应有通风的百叶窗。

（2）湿度。为了保证 PLC 的绝缘性能，使用环境的相对湿度一般应小于 85%（无凝露）。

（3）振动。应使 PLC 远离强烈振动源，否则需采用相应的减振措施。

（4）空气。如果空气中有大量的铁屑和灰尘，或者有腐蚀性、易燃性的气体，则应在温度允许时，将 PLC 封闭安装，或者将 PLC 安装在环境较好的控制室内。

（三）可编程控制器安装的一般步骤

可编程控制器安装的一般步骤如下：

（1）详细阅读 PLC 使用说明书，了解其性能指标，明确安装环境。

（2）分析控制过程，明确控制要求，搞清软、硬件的对应关系。

（3）根据 PLC 型号、所用外围电器元件的多少及布线特点，综合设计配电柜的大小和形状，并根据 PLC 及外围电器元件位置预留安装孔和通风口。

（4）按如下方式初步安装相关的外围电器设备：

① 螺钉直接固定：用螺钉固定，不同的单元有不同的安装尺寸，如图 3-7 所示。

② DIN 轨道固定：DIN 轨道配套使用的安装夹板左右各一对，在轨道上先安装好左右器，然后拧紧螺丝。其安装方法如图 3-8 所示。

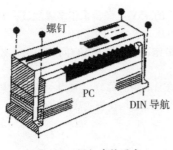

图 3-7　螺钉直接固定

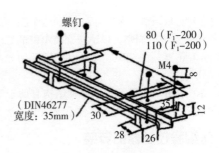

图 3-8　DIN 轨道固定

可编程控制器安装时应注意以下事项：

（1）为了使控制系统工作可靠，通常把可编程控制器安装在有保护外壳的控制柜中，以防止灰尘、油污水溅。

（2）为了保证可编程控制器在工作状态下其温度保持在规定环境温度范围内，安装机器应有足够的通风空间，基本单元和扩展单元之间要有 30mm 以上间隔。如果周围环境超过55℃，要安装电风扇强迫通风。

（3）为了避免其他外围设备的电干扰，可编程控制器应尽可能远离高压电源线和高压设备，可编程控制器与高压设备和电源线之间的距离应至少为 200mm。

（4）当可编程控制器垂直安装时，要严防导线头、铁粉、灰尘等脏物从通风窗掉入可编程控制器内部。导线头等脏物会损坏可编程控制器印刷电路板，使其不能正常工作。

（四）PLC 可编程控制器的接线

1. 控制柜与现场设备间的接线

控制柜与现场设备间的接线要求如下：

（1）电源线、动力线和信号线（包括直流信号线、交流信号线和模拟信号线）都分开布线，分别用电缆敷设。

（2）各种电缆在控制柜和现场设备连接处最好使用接插件。

（3）电缆的屏蔽要良好，如在电缆两端的接线处，屏蔽层应尽量多地覆盖电缆芯线，电缆屏蔽层应单端接地，控制器的外壳也应妥善接地。

（4）电缆应分类编号，要求排放整齐、美观。

2. 控制柜内部的接线

控制柜内部的接线主要指 PLC 的电源、接地、输入、输出、通信等接线端子到各输出端子板或柜内其他电器元件之间的连接。控制柜内部的接线要求如下：

要求各种类型的电源线、控制线、信号线、输入线、输出线都应分开布线，最好采用线槽走线；信号线与电源线应尽量不要平行敷设；所有导线要分类编号，排列整齐；PLC 所有接线端子最好采用标准接插件统一连接到端子板上，以便于检修；不同的接线端子，其接线应遵循各自的接线特点。

（1）电源接线。

可编程控制器的输入端和输出端一般不采用同一种电源。在可能的情况下，对可编程控制器系统的输入装置、输出负载、CPU 和扩展 I/O 单元可采用单独的电源供电。但在电源干扰特别严重或可靠性要求很高的场合，可以安装带屏蔽层的独立隔离变压器。PLC 的基本单元和控制单元必须共用一个电源开关，以使两者同时上电和同时断电。PLC 最好采用稳压电源供电，且电源种类及 I/O 电压等级要与产品说明书中相符。

在 PLC 的面板上有三个对应的电源接线端子和一个零线接线端子，实际接线时只能选择其中的一种电源接入对应的电源端子。为了安全起见，交流电源一般需经刀开关、熔断器后再送入 PLC。图 3-9 为 PLC 的电源、地线接线图。

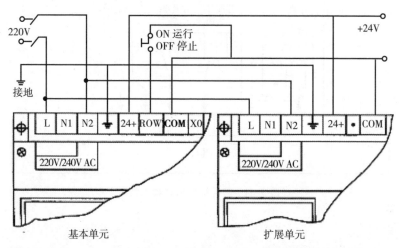

图 3-9　PLC 的电源、地线接线图

PLC 的供电电源为 50Hz、220V ± 10% 交流电。S7-200 系列可编程控制器有直流 24V 输出接线端，该接线端可为输入传感器（如光电开关或接近开关）提供直流为 24V 的电源。

特别提醒

　　如果电源发生故障，中间时间少于 10ms，可编程控制器工作不受影响。若电源中断超过 10ms 或电源下降超过允许值，则可编程控制器停止工作，所有的输出点均同时断开。当电源恢复时，若 RUN 输入接通，则操作自动进行。

（2）地线接线。

良好的接地是保证可编程控制器可靠工作的重要条件，可以避免偶然发生的电压冲击危害。为了抑制附加在电源及输入端、输出端的干扰，PLC 最好采用专用接地，也可与其他设备共用接地，但禁止与其他设备串联接地。接地线应尽可能短，长度不要超过 20m，截面积应大于 $2mm^2$。PLC 的接地方式如图 3-10 所示。

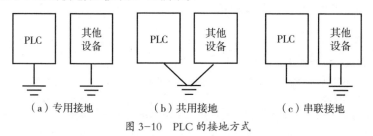

图 3-10　PLC 的接地方式

（3）输入接线。

可编程控制器一般接收行程开关、限位开关等输入的开关量信号。输入接线端是可编程控制器与外部传感器负载转换信号的端口，输入接线一般指外部传感器与输入端口接线。图3-11为三菱机型 PLC 输入接线。

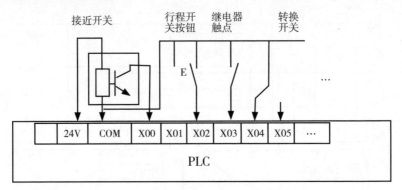

图 3-11　三菱机型 PLC 输入接线

特 别 提 醒

尽可能用常开触点进行信号输入，这样使 PLC 程序中的接点状况（常开或常闭）与继电接触器控制电路图的一致。若有些信号只能用常闭触点输入，应注意将程序中相应元件的接点做相应的修改。

若使用接近开关、光电开关做输入信号源，由于这类传感器的漏电流较大，可能出现错误的输入信号，应在输入端并联旁路电阻，以减少输入电阻，如图 3-12 所示。

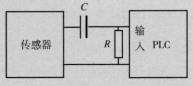

图 3-12　传感器类输入电路处理方法

输入器件可以是任何无源的触点或集电极开路的 NPN 管，输入器件接通时，输入线路闭合，同时输入指示的发光二极管亮。

输入端的一次电路与二次电路之间采用光电耦合隔离。二次电路带 RC 滤波器，以防止由于输入触点抖动或输入线路串入的电噪声引起可编程控制器的误操作。

若在输入触点电路串联二极管，在串联二极管上的电压应小于 4V，使用带发光二极管的舌簧开关时，串联二极管不能超过两个。

特 别 提 醒

输入接线还应特别注意以下几点：

（1）输入接线长度一般不要超过 30m，但如果环境干扰较小，电压降不大时，输入接线可适当长一些。

（2）输入、输出线不能用同一根电缆，输入与输出线要分开走。

（3）可编程控制器所能接收的脉冲信号的宽度应大于扫描周期的时间。

（4）输出接线。

输出接线是由输出负载与电源串联接在 PLC 的输出端和与其对应的 COM 上，PLC 的输出设备通常为继电器、接触器、电动机、电磁阀及信号灯等，依靠输出设备执行 PLC 输出的控制信号源。当 PLC 的输出继电器闭合时，面板上的输出指示灯亮，相应的输出回路接通；反之，面板上的输出指示灯灭，相应的输出回路断开。

电源的类型和电压等级由 PLC 的输出方式与负载共同决定。PLC 的常用输出方式有继电器输出、晶体管输出、晶闸管输出。继电器输出方式要求负载电源一般为交流 220V 或直流 24V；晶体管输出方式要求负载电源一般为直流 5~24V；晶闸管输出方式要求负载电源一般为交流 100~120V 或直流 200~240V。图 3-13 为 PLC 输出接线，图 3-14 为三菱机型 PLC 输出接线的举例。

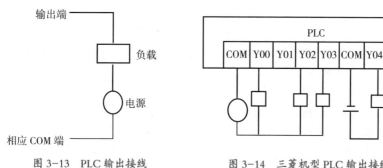

图 3-13　PLC 输出接线　　　　图 3-14　三菱机型 PLC 输出接线

特 别 提 醒

（1）输出接线分为独立输出和公共输出，当可编程控制器的输出继电器或晶闸管动作时，同一号码的两个输出端接通，在不同组中可采用不同类型和电压等级的输出电压；但在同一组中的输出，只能用同一类型、同一电压等级的电源。

（2）由于可编程控制器的输出元件被封装在印刷电路板上，并且连接至端子板，若将连接的输出元件短路，将烧毁印刷电路板，因此应用熔丝保护输出元件。

（3）采用继电器输出时承受的电感性负载大小影响继电器的工作寿命，因此继电器的工作寿命要长。

（4）对于能使用户造成伤害的危险负载，除了在控制程序中考虑之外，应设计外部紧急停车电路，使得可编程控制器发生故障时，能将引起伤害的负载电源切断。

（5）交流输出线和直流输出线不要用同一根电缆，输出线应尽量远离高压线和动力线，避免并行。

（5）PLC 各单元间的接线。

PLC 的基本单元与各扩展单元、编程器、写入器以及个人电脑之间的连接比较简单，它们之间都有标准的通信接口。接线时，先断开 PLC 的电源，将扁平电缆一端插入对应的插座即可。

（五）安装注意事项

1. 安装安全注意事项

（1）为了防止负载短路损坏输出单元，可在 PLC 输出线路上安装熔断器，有条件的情况下在每个回路中都装上熔断器。熔断器的规格应根据输出电流值加以选择。

（2）对电动机正反转控制等需要互锁控制的场合，除了在 PLC 程序设计接点互锁之外，外部器件的接线也必须采取电气互锁措施，以确保电气系统的安全运行。

（3）针对供电不稳定和紧急停车的需要，PLC 外部负载还应具有失电压保护、过电流保护、过电压保护和紧急制动等措施，以确保系统可靠运行。

（4）在安装、装配和拆卸 PLC 的单元（如电源单元、I/O 单元、CPU 单元）前，在连接系统电缆或导线前，在连接或断开连接器前，都必须关断加在 PLC 上的电源。

（5）在 PLC 通电状态下，不能拆卸任何单元；不能触及任一端子或端子板，防止电击。

（6）不要在 PLC 通电时或断电后立即触及电源，防止电击。

（7）固定 PLC 的螺钉不宜太紧或太松，太紧会造成 PLC 的安装孔胀裂或"滑丝"，太松则 PLC 工作会产生振动或噪声。

2. 控制柜安装注意事项

（1）为了提供足够的通风空间，保证 PLC 正常的工作温度，基本单元与扩展单元留 30mm 以上的间隙；为了避免电磁干扰，各 PLC 单元与其他电器元件要留 100mm 以上间隙。

（2）安装时，PLC 应远离高压电源线和高压设备，PLC 与动力线的间距应大于 0.2m。高压线、动力线等应避免与输入输出线平行布置。

（3）安装时远离加热器、变压器、大功率电阻等发热源，必要时安装电风扇。

（4）远离产生电弧的开关、继电器等设备。

（5）不应与产生较大振动、冲击的接触器放在同一面板上。

（6）PLC 附近的高频设备应有良好的接地措施。

（7）输入与输出模板应放在易于更换的位置。

3. PLC 输入、输出端接线注意事项

（1）当 PLC 的输入端或输出端接有感性元件时，如图 3-15 所示，应在直流感性元件两端并联续流二极管［图 3-15（a）］，在交流感性元件两端并联阻容吸收电路［图 3-15（b）］，以抑制电路断开时电弧对 PLC 的影响。续流二极管可选额定电流为 1A、额定电压大于电源电压 3 倍的二极管，阻容器吸收电路的电阻取 51 ~ 120，电容取 1 ~ 0.47，电容的额定电压应大于电源峰值电压。

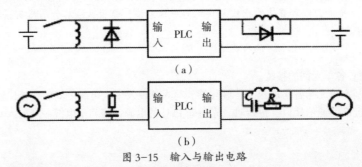

（a）

（b）

图 3-15　输入与输出电路

（2）不能将输入 COM 端和输出 COM 端相接在一起。

（3）输入、输出线要分开敷设，不可用同一根电缆。

（4）输入线长度一般不超过 30m，如果环境干扰少、电压降不太大时，可适当长一些。PLC 输出接线端一般采用公共输出形式（少数 20 点以下的小型 PLC 采用独立输出形式），由几个输出端子构成一组共用一个 COM 端，不同的 COM 端，内部并联在一起。不同组的可以采用不同的电源，同一组的必须采用同一电源。

三、PLC 维护

（一）日常维护

1. 日常清洁与巡查

经常用干抹布和皮老虎对 PLC 的表面及导线间除尘去污，保持 PLC 工作环境的整洁与卫生；经常巡视、检查 PLC 的工作环境、工作状况、自诊断指示信号、编程器的监控信息及控制系统的运行状况，并做记录，发现问题及时处理。

2. 编程器的使用

编程器是 PLC 日常维护的重要内容。

3. 锂电池的更换

先给 PLC 充电 1min 以上，然后在 3min 内更换完毕。具体操作如下：

（1）准备好一个新的锂电池；

（2）断开 PLC 的交流电源；

（3）打开存储单元盖板，拔下备份电池插头；

（4）在 3min 内从支架上取下旧电池，快速换上新电池；

（5）盖上电池盖板；

（6）接通 PLC 电源。

4. 定期检查

检查内容和标准见表 3-2。

表 3-2　定期检查内容和标准

检查项目	检查内容	标准
供电电源	在电源端子处测电压变化是否在标准内	电压变化范围：上限不超过 110% 供电电压，下限不低于 80% 供电电压
外部环境	环境温度	0~55℃
	环境湿度	相对湿度 85% 以下
	振动	幅度小于 0.5m，频率为 10~55Hz
	粉尘	不积尘
输入、输出用电源	在输入、输出端子处测电压变化是否在标准内	以各输入、输出规格为准
安装状态	各单元是否可靠牢固	无松动
	连接电缆的连接器是否完全插入并旋紧	无松动

续表

检查项目	检查内容	标准
安装状态	接线螺钉是否有松动	无松动
	外部接线是否损坏	外观无异常
寿命元件	接点输出继电器	电器寿命：阻器负载 30 万次，感性负载 10 万次。机械寿命：5000 万次
	电池电压是否下降	5 年（25℃）

（二）PLC 的故障诊断与排除

图 3-16 为 PLC 控制系统的故障分布。

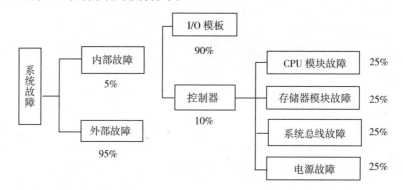

图 3-16　PLC 控制系统的故障分布图

1. 故障的自诊断

PLC 具有一定的自诊断能力，无论是 PLC 自身故障还是外部设备故障，绝大部分都可由 PLC 的面板故障指示灯来判断故障部位，能够大大提高故障诊断的速度和准确性。

故障自诊断装置见表 3-3。

表 3-3　故障自诊断装置

指示灯	故障诊断
电源指示灯（POWER）	当 PLC 的工作电源接通并符合额定电压要求时，该灯亮；否则，说明电路有故障
运行指示灯（RUN）	当编程器面板上的 "PROGRAM/MONITOR" 开关打在 "MONITOR" 位置（非编程状态），该灯亮；否则，说明 PLC 接线不正确或者 CPU 芯片、RAM 芯片有问题
锂电池电压指示灯（BATTV）	锂电池电压正常工作时，该灯一直不亮；否则，说明锂电池的电压已经下降到额定值以下，提醒维修人员要在一周内更换锂电池
程序出错指示灯（CPUE）	当 PLC 的硬件和软件都正常时，该灯不亮；当发生故障时，该灯有两种发光情况

指示灯	故障诊断
程序出错指示灯（CPUE）	（1）若灯闪烁，说明可能发生以下错误： ① 程序出错，如程序语法错误，程序线路错误、定时器或计数器的常数丢失或超值等； ② 锂电池电压不足； ③ 由于噪声干扰或线间短路等引起的 PLC 内"求和"检查错误
	（2）若灯一直亮，则说明可能发生以下错误： ① 由于外来浪涌电压瞬时加到 PLC 时，引起程序执行出错； ② 程序执行时间大于 0.15s，引起监视器动作
输入指示灯	有多少个输入端子就有多少个输入指示灯，当 PLC 的输入端加上正常的输入，输入指示灯应该亮；若正常输入而灯不亮或未加输入而灯亮，则说明输入电路有故障
输出指示灯	有多少输出端子就有多少个输出指示灯，按照控制程序，当某个输出继电器通电时，该继电器的输出指示灯就应该亮；若某输出继电器指示灯亮而该路负载不动作，或输出继电器线圈未得电而指示灯亮，说明输出电路有问题，可能是输出触点因过载、短路而烧坏

2. 常见故障处理

CPU 模板常见故障处理见表 3-4。

表 3-4　CPU 模板常见故障处理

故障现象	推测原因	处理
电源灯不亮	保险熔断	更换熔断器
	输入接触不良	重接
	输入线断	更换连线
熔丝多次熔断	负载短路或过载	更换 CPU 单元
	输入电压设定错	改接正确
	熔丝容量太小	更换大容量的熔丝
运行灯不亮	程序中无 END 指令	修改程序
	电源故障	检查电源
	I/O 地址重复	修改地址
	远程 I/O 无电源	接通 I/O 电源
	无终端站	设定终端站
运行输出继电器不闭合（电源灯亮）	电源故障	检查电源
特定继电器不动作	I/O 总线异常	检查主板

续表

故障现象	推测原因	处理
特定继电器常动作	I/O 总线异常	检查主板
若干继电器均不动作	I/O 总线异常	检查主板

输入模板常见故障处理见表 3-5。

表 3-5 输入模板常见故障处理

故障现象	推测原因	处理
输入均不接通	未知外部输出电路	供电
	外部输入电压低	调整合适
	端子螺钉松动	拧紧
	端子板接触不良	处理后重接
输入均不关断	输入单元电路故障	更换 I/O 板
特定继电器不接通	输入器件故障	更换输入器件
	输入配线断开	检查输入配线
	输入端子松动	拧紧
	输入端接触不良	处理后重接
	输入接通时间过短	调整有关参数
	输入回路故障	更换单元
特定继电器不关断	输入回路故障	更换单元
输入全部断开（动作指示灯灭）	输入回路故障	更换单元
输入随机性动作	输入信号电压过低	检查电器及输入器件
	输入噪声过大	加防噪措施
	端子螺钉松动	拧紧
	端子连接器接触不良	处理后重接
动作异常的继电器以 8 为一组	"COM" 螺钉松动	拧紧
	CPU 总线故障	更换 CPU 单元
	端子板连接器接触不良	处理后重接
动作正确但指示灯不亮	LED 损坏	更换 LED

输出模板常见故障处理见表 3-6。

表 3-6 输出模板常见故障处理

故障现象	推测原因	处理
输出均不能接通	未加负载电源	接通电源
	负载电源坏或过低	调整或修理
	端子接触不良	处理后重接
	熔丝熔断	更换熔丝
	输出回路故障	更换 I/O 单元
	I/O 总线插座异常	重接
输出均不关断	输出回路故障	更换 I/O 单元
特定继电器不接通（指示灯灭）	输出接通时间过短	修改程序
	输出回路故障	更换 I/O 单元
特定继电器不接通（指示灯亮）	输出继电器损坏	更换继电器
	输出配线断开	检查输出配线
	输出端子接触不良	处理后重接
	输出回路故障	更换 I/O 单元
特定输出继电器不关断（指示灯灭）	输出继电器损坏	更换继电器
	输出驱动管不良	更换输出管
特定输出继电器不关断（指示灯亮）	输出驱动电路故障	更换 I/O 单元
	输出指令中地址重复	修改程序
输出随机性动作	PC 供电电源电压过低	调整电源
	接触不良	检查端子接线
	输出噪声过大	加防噪措施
动作异常的继电器以 8 为一组	"COM" 螺钉松动	拧紧
	熔丝熔断	更换熔丝
	CPU 总线故障	更换 CPU 单元
	输出端子接触不良	处理后重接
动作正确但指示灯灭	LED 损坏	更换 LED

3. PLC 死机原因分析

可编程控制器 PLC 运行时可能出现死机的情况，这给工业生产造成不可估量的损失。为了减少这样的损失，分析 PLC 死机原因显得尤为必要。死机的原因有很多，下面主要从硬件方面和软件方面进行分析。

（1）硬件方面。

① I/O 串电，PLC 自动侦测到 I/O 错误，进入 STOP 模式；

② I/O 损坏，程序运行到需要该 I/O 的反馈信号，不能向下执行指令；

③ 扩展模块（功能型，如 A/D）线路干扰或开路等；

④ 电源部分有干扰或故障；

⑤ PLC 的连接模块及地址分配模块出故障；

⑥ 电缆引起的故障。

（2）软件方面。

① 触发了死循环；

② 程序改写了系统参数区的内容，却没有初始化部分；

③ 保护程序启动，硬件保护、限制使用时间（针对货款收回）；

④ 数据溢出，步长过大、看门狗动作。

（三）PLC 系统检修

电子设备的检修主要包括印刷电路板的拆卸、故障元件位置的确定、故障元件的更换及对修理的印刷电路板做测试，最困难的是故障元件的定位。

1. 准备工作

准备工作包括资料准备、备件准备和技术准备。技术准备主要是对维修人员提出的要求，主要包括以下内容：

（1）熟悉图纸，了解系统的整体功能，弄清每块板的功能，甚至每个元件的作用。

（2）熟练掌握各种测试设备和工具的使用方法。

（3）积累维修经验。做好每次的维修记录（包括故障现象、故障定位过程、故障处理方法、修理后的测试或使用情况），对每一种故障情况进行分析及统计，逐步积累维修设备的经验。

（4）提高基础知识水平，自学有关电路、电子学和计算机 / 硬软件方面的知识，经常参加一些专题讲座学习班，在有条件的情况下，可到大专院校或研究所进行一段时间的进修等。

2. 检修步骤

（1）故障电路板的拆卸：做好在修理好故障插件后可以保证恢复到原状态的所有工作。

（2）目测故障。

（3）用万用表检测直流电压。

（4）故障元件位置的确定主要有两种方法：一是利用常规的测试仪器，根据被测电路板的电路图和功能要求，逐一缩小可疑区域，最后找出故障元件；二是使用专用的仪器（如逻辑分析仪等）和设备进行故障元件定位。

① 故障区域的确定。

对简单的串联系统可以采用从前向后或从后向前的测试过程，逐一将故障的可疑区域缩小，为了加快测试过程，还可采用二分法测试。如果系统不是一个简单的串行系统，而是一个具有反馈的复杂系统，则定位故障区域比较困难，有效的方法是将反馈环断开，把它当成一个串联系统进行故障区域的确定。

② 故障元件位置的确定。

a. 替换法：在备件充足而且替换容易实现的前提下，将故障区域内的器件逐一用完好的同一类器件替换，直到确定全部的故障。

b. 预猜法：首先根据故障现象和测量数据，猜测有故障的器件，然后设计一个方案去验证这个猜测是否正确。

c. 分析法：根据测量数据做定量分析，以便从中提取有益于确定故障元件的信息。分析法的关键在于考虑问题的周密性，要将故障的全部可能性都考虑到，否则容易产生误诊断，无法查出真正的故障点。

（5）故障元件的替换。用好器件替换故障元件时注意以下几点：

① 拆卸故障元件时，首先要注意元器件管脚的插接方向，其次在焊下故障元件时不要损坏印刷电路板和其他元件。

② 首先选用被替换元件完全一致的器件，其次考虑使用参数，体积（外形）管脚基本相同的元器件代替，在替换前还需进行测试，确保替换原件的性能良好。

③ 安装替换元件时，必须进行仔细校核，需要焊接的元件必须做清洁处理并挂锡，防止虚焊。元件需要成型的应仿元器件形状。若焊接面积很大，则应使用大功率的烙铁焊接，且焊点尽量呈半球形。

特 别 提 醒

在故障区域确定中，进行具体测试时，可以先测直流信号，再测交流信号。因为直流测试时，可不施加信号（只施加电源），测试方便，直流电压的量测精度也较高。通常通过直流测试，可检查 60% ～ 70% 的故障。

第四章 PLC 的应用

第一节 PLC 网络通信技术及应用

随着计算机通信网络技术的日益成熟及企业对工业自动化程度要求的提高，自动控制系统也从传统的集中式控制朝多级分布式控制方向发展，这就要求构成控制系统的 PLC 具有通信及网络的功能，能够相互连接，实现远程通信，构成网络。本章着重介绍 PLC 网络功能及其应用。通过学习，可以使读者掌握 PLC 通信网络的基本知识，以便今后通过有关技术手册对 PLC 网络进行应用，如工业控制计算机、PLC、变频器、机器人、数控机床、柔性制造系统等。

一、网络通信的基础概念

数字设备之间交换的信息是由 "0" 和 "1" 表示的数字信号。一般把具有一定的编码、格式和信息要求的数字信号称为数据信息。数据通信就是将数据信息通过适当的传送线路从一台数字设备传送到另一台数字设备。这里的设备是指计算机、PLC 或者具有数据通信功能的其他数字设备。

数据通信系统的任务是指把不同地理位置的计算机和 PLC 以及其他数字设备连接起来，高效率地完成数据的传输、信息交换和数据处理三项任务。数据通信系统一般由传输设备、控制设备和传送协议以及通信软件等组成。

（一）并行通信与串行通信

1. 并行通信

并行数据通信是以字节或字为单位的数据传输方式，在并行传输中，一般至少有 8 个数据位同时在两台设备之间传输。发送端与接收端有 8 条数据线相连，发送端同时发送 8 个数据位（其中 1 位可以用作校验位），接收端同时接收 8 个数据位。计算机内部各部件之间的并行通信是通过总线进行的。它的特点是传输速度快，但传送线的根数多、抗干扰能力较差，一般用于近距离数据传送，例如 PLC 的基本单元、扩展单元和特殊模块之间的数据传送。

2. 串行通信

串行数据通信是以二进制的位（bit）为单位的数据传输方式，每次只传送或接收 1 位数据位，各数据位依次串行地通过通信线路。因此所需数据线的数量大大减少，通信线路简单、成本低，一般只需一根或两根传输线，适用于距离较远的场合。计算机和 PLC 都有通用的串行通信接口，但与并行传输相比，其传输速度慢，故常用于速度要求不高的远距离传输。

3. 传输速率

在串行通信中，传输速率（又称波特率）指单位时间内传输的信息量，在数据传输中有调制速率、数据信号速率、数据传输速率，单位是波特，其符号是 b/s。常用的标准传输速率为 300 ~ 38400b/s 等。不同的串行通信网络的传输速率差别很大，有的只有数百比特每秒，高速串行通信网络的传输速率可达 1000Mb/s。

（二）异步通信和同步通信

在数据通信中，发送端与接收端之间的同步如果解决不好，轻则将会因积累误差造成发送和接收的数据错位，使接收方收到错误的信息；重则使整个系统不能正常运行。为此在串行通信中，需要使发送过程和接收过程同步。按同步方式的不同，串行通信分为异步通信和同步通信。

1. 异步通信

异步通信也称为起止式传输，它是利用起止法来达到收发同步的。在异步通信中，被传输的数据编码为一串脉冲，每 1 个传输的字符由 1 个起始位、7 个或 8 个数据位、1 个校验位（可无）和停止位（1 位或 2 位）组成。字节传输由起始位"0"开始，然后是被编码字节，一般规定低位在前、高位在后，接下来是校验码，最后是停止位，"1"用以表示字符的结束。

异步通信传送附加的非有效信息较多，传输效率较低，PLC 一般使用异步通信。例如，传输一个 ASCII 码字符（7 位），若选用 2 位停止位、1 位校验位和 1 位起始位，则传输这 7 位 ASCII 码字符就需要 11 位。

2. 同步通信

同步通信以字节为单位（一个字节由 8 位二进制数组成），每次传送 1 个或 2 个同步字符、若干个数据字节和校验字符。同步传输在数据开始处用同步字符"SYN"来指示，由定时信号（时钟）来实现。一旦检测到与规定的字符相符时，就按顺序传输数据。这种传输以一组数据（数据块）为单位进行传输，数据块中每个字节之间不需要附加停止位和起始位，因而传输效率高。但同步传输所需要的软件、硬件的价格比异步传输高，所以只能在数据传输速率较同步字符帧起始字符高的系统中采用同步传输方式。

特别提醒

同步通信方式不需要在每个数据字符中增加起始位、停止位和奇偶校验位，只需要在发送的数据块之前加一两个同步字符。

（三）数据传送方式

在串行通信中，要把数据从一个地方传送到另一个地方必须使用通信线路。数据在通信线路两端的工作站（通信设备或计算机）之间传送。按照通信方式，可将数据传输线路分为单工、半双工和全双工三种传送方式。

1. 单工方式

在单工方式下，通信线的一端连接发送器，另一端连接接收器，它们形成的单向连接，只允许数据按照一个固定的方向传送。如图 4-1 所示，数据只能由 A 传送到 B，而不能由 B

传送到 A。

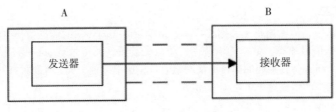

图 4-1　单工通信

2. 半双工方式

在半双工方式下，系统中的每个通信设备都由一个发送器和一个接收器组成，通过收发开关接到通信线路上。在这种方式中，数据能从 A 站送到 B 站，也能从 B 站传送到 A 站，但是不能同时在两个方向上传送，即每次只能一个站发送，另一个站接收，如图 4-2 所示。

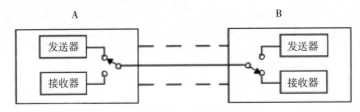

图 4-2　半双工通信

3. 全双工方式

数据的发送和接收分别由两根可以在两个不同的站点同时发送和接收的传输线进行传送，通信双方都能在同一时刻进行发送和接收操作，如图 4-3 所示。

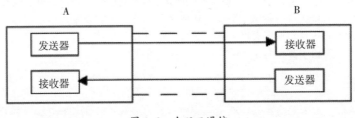

图 4-3　全双工通信

特|别|提|醒

尽管许多串行通信接口电路具有全双工通信能力，但在实际应用中，大多数情况下只工作于半双工通信方式，即两个工作站通常并不同时收发。这种用法并无害处，虽然没有充分发挥效率，但简单、实用。

（四）串行通信接口

1. RS-232C

RS-232C 是美国 EIC（电子工业联合会）在 1969 年公布的通信协议，至今仍在计算机和控制设备通信中广泛使用。RS-232C 标准最初是为远程通信连接数据终端设备（DTE）与数据通信设备（DCE）而制定的，因此这个标准的制定并未考虑计算机系统的应用要求，但是实际上它广泛地用于计算机与终端或外设之间的近距离通信。

RS-232C 一般使用 9 针和 25 针 DB 型连接器，9 针连接器用得较多。当通信距离较近时，通信双方可以直接连接，最简单的情况是在通信中不需要控制联络信号，只需要 3 根线（发送线、接收线和信号地线）便可以实现全双工异步串行通信。

RS-232C 采用负逻辑，用 -15 ～ -5V 表示逻辑状态"1"，用 +5 ～ +15V 表示逻辑状态"0"，最大通信距离为 15m，最高传输速率为 20Kb/s，只能进行一对一通信。

2. RS-422A

RS-422A 采用平衡驱动、差分接收电路，从根本上取消了信号地线。平衡驱动器相当于两个单端驱动器，其输入信号相同，两个输出信号互为反相信号。外部输入的干扰信号是以共模方式出现的，两根传输线上的共模干扰信号相同，因接收器是差分输入，共模信号可以互相抵消。只要接收器有足够的抗共模干扰能力，就能从干扰信号中识别出驱动器输出的有用信号，从而克服外部干扰的影响。

RS-422A 在最大传输速率为 10Mb/s 时，允许的最大通信距离为 12m；传输速率为 100Kb/s 时，最大通信距离为 1200m。一台驱动器可以连接 10 台接收器。

3. RS-485

RS-485 标准增加了多点、双向通信能力，通常在要求通信距离为几十米至上千米时，广泛采用 RS-485 收发器。现从以下五个方面简单介绍。

（1）采用平衡发送和差分接收方式，即在发送端，驱动器将 TTL 电平信号转换成差分信号输出；在接收端，接收器将差分信号变成 TTL 电平，能有效地抑制共模干扰，提高信号传输的准确率。

（2）电气特性：对于发送端，逻辑 1 以两线间的电压差为 +（2 ～ 6）V 表示，逻辑 0 以两线间的电压差为 -（2 ～ 6）V 表示。对于接收端，A 比 B 高 200mV 以上即认为是逻辑 1，A 比 B 低 200mV 以上即认为是逻辑 0。接口信号电平比 RS-232 降低了，不易损坏接口电路的芯片，且该电平与 TTL 电平兼容，可方便与 TTL 电路连接。

（3）共模输出电压在 -7 ～ +12V 之间，而 RS-422 在 -7 ～ +7V 之间；RS-485 接收器最小输入阻抗为 12kΩ，RS-422 是 4kΩ；RS-485 满足所有 RS-422 的规范，所以 RS-485 的驱动器可以在 RS-422 网络中应用，但 RS-422 驱动器并不完全适用于 RS-485 网络。

（4）最大传输速率为 10Mb/ps。当波特率为 1200b/s 时，最大传输距离理论上可达 15km。平衡双绞线的长度与传输速率成反比，在 100Kb/s 速率以下，才可能使用规定最长的电缆长度。RS-485 需要两个终接电阻，接在传输总线的两端，其阻值要求等于传输电缆的特性阻抗，为 120Ω。在短距离传输时可不终接电阻，即一般在 300m 以下不终接电阻。

（5）采用二线与四线方式：二线制可实现真正的多点双向通信；而采用四线连接时，只能有一个主设备，其余为从设备，它比 RS-422 有改进，无论四线还是二线连接方式，总线上可连接多达 32 个设备。RS-485 总线挂接多台设备用于组网时，能实现点到点及多点到多点的通信（多点到多点是指总线上接的所有设备及上位机任意两台之间均能通信）。连接在 RS-485 总线上的设备也要求具有相同的通信协议，且地址不能相同。在不通信时，所有的设备处于接收状态，当需要发送数据时，串口才翻转为发送状态，以避免冲突。

RS-485 标准通常作为一种相对经济，具有相当高的噪声抑制、相对高的传输速率、传输距离远、共模范围宽的通信平台。同时，RS-485 电路具有控制方便、成本低廉等优点。

20 多年来，RS-485 标准作为一种多点差分数据传输的电气规范，在许多不同的领域作为数据传输链路。

目前，在我国应用的现场网络中，RS-485 半双工异步通信总线也是被各个研发机构广泛使用的数据通信总线。但是基于在 RS-485 总线上任一时刻只能存在一个主机的特点，它往往应用在集中控制枢纽与分散控制单元之间。

二、S7-200 的通信网络

S7-200 的通信是指 PLC 与 PLC 之间、PLC 与上位计算机之间以及 PLC 与其他智能设备之间的数据通信。

PLC 与上位计算机之间可通过通信处理单元、通信转换器构成通信网络，以实现"集中管理、分散控制"的集散控制系统。

（一）S7 系列 PLC 的网络结构

西门子公司的 S7 系列 PLC 网络层次结构由 4 级组成，由下到上依次为过程测量与控制级、过程监控级、工厂与过程管理级、企业管理级。这 4 级构成网络金字塔，由 3 级总线复合而成，如图 4-4 所示。

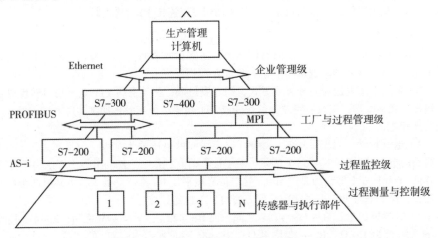

图 4-4　S7-200 金字塔网络结构

由图 4-4 可知，最低一级采用 ASI 总线负责与现场的传感器和执行器通信，也可以是远程 I/O 总线，负责 PLC 与分布式 I/O 模块之间通信。中间一级为 PROFIBUS 总线，是一种新型总线，采用令牌控制方式与主从轮询相结合的存取控制方式，可实现现场、控制和监控 3 级通信；也可采用主从轮询存取方式的主从式多点链路。最高一级为工业以太网，使用通用协议，负责传送生产管理信息。

在对网络中的设备进行配置时，必须对设备的类型、网络中的地址和通信的波特率进行设置。设备被定义为主站和从站两类。主站设备可以对网络上其他设备发出请求，也可以对网络上的其他主站设备的请求作出响应。从站只响应来自各主站的申请。

典型的主站设备包括编程软件、TD200 和 S7-300、S7-400PLC 等。从站设备只能对网络上主站的请求作出响应，自己不能发出通信请求。一般把 S7-200 置为从站。当 S7-200 需要从其他 S7-200 读取信息时，也可以把 S7-200 定义为主站。

为保证数据传送与接收，在网络中的设备必须有唯一的地址，S7-200 的网络地址为 0～126，最多有 32 个主站，运行 STEP7-Micro/WIN 的计算机默认地址为 0，PLC 的默认地址为 2。

（二）S7 系列 PLC 的网络通信协议

S7-200 CPU 支持多种通信协议，包括通用协议和公司专用协议。专用协议包括点到点接口协议（PPI）、多点接口协议（MPI）、Profi Bus 协议、自由通信接口协议和 USS 协议。

1. PPI

PPI 是西门子专门为 S7-200 系列 PLC 开发的一个通信协议，可以通过 PC/PPI 电缆或两芯屏蔽双绞线对 PLC 与 PLC 之间、S7-200 与 HMI 产品之间进行联网。支持的波特率为 9.6Kb/s、19.2Kb/s、187.5Kb/s。PPI 通信网络如图 4-5 所示。

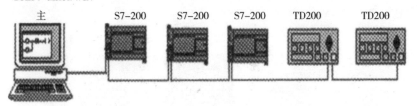

图 4-5　PPI 通信网络

PPI 是一个主从协议：主站向从站发出请求，从站作出应答。从站不主动发出信息，而是等候主站向其发出请求或查询，要求应答。主站通过由 PPI 协议管理的共享链接与从站通信。

特 别 提 醒

PPI 不限制能够与任何一台从站通信的主站数目；但是，在不加中继器的情况下无法在网络中安装 32 台以上的主站。

如果在用户程序中启用 PPI 主站模式，S7-200CPU 可在处于 RUN(运行)模式时用作主站。启用 PPI 主站模式后，可以使用"网络读取"（NETR）或"网络写入"（NETW）指令从其他 S7-200CPU 读取数据或向 S7-200CPU 写入数据。

2. MPI

MPI 是集成在 PLC、操作员界面和编程器上的集成通信接口，如图 4-6 所示。MPI 允许从站与主站或主站与从站之间的通信。S7-300 和 S7-400PLC 作为主站，S7-200PLC 是从站，从站之间不能通信。

对于 MPI，S7-300 和 S7-400PLC 使用 XGET 和 XPUT 指令从 S7-200CPU 读取数据和向

S7-200CPU 写入数据，用于建立小型通信网络，最多可以接 32 个节点。

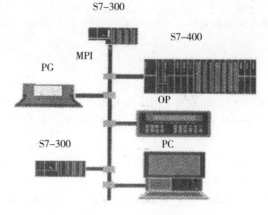

图 4-6　MPI 通信网络

3. Profi Bus 协议

Profi Bus 协议用于与分布式 I/O 设备（远程 I/O）进行高速通信。不同的制造商提供多种 Profi Bus 设备。此类设备包括从简单的输入或输出模块到电动机控制器和 PLC。

S7-200CPU 可以通过 EM277、Profi Bus-DP 扩展模块的方法连接到 Profi Bus-DP 协议支持的网络中。Profi Bus 通信网络如图 4-7 所示。

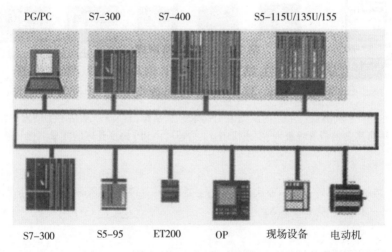

图 4-7　Profi Bus 通信网络

4. 用户定义协议（自由接口模式）

自由接口模式即用户可以通过用户程序对通信端口进行操作，自己定义通信协议，允许程序控制 S7-200CPU 的通信端口。可以使用自由接口模式使用户定义通信协议与多种智能设备（打印机、调制解调器、变频器）进行通信。自由接口模式支持 ASCII 码和二进制协议。

使用自由接口模式时，可使用特殊内存字节 SMB30（用于 0 号端口）和 SMB130（用于 1 号端口）。用户程序可以通过使用发送中断、接收中断、发送指令和接收指令对通信端口进行操作。

特 别 提 醒

　　自由接口模式仅限在 S7-200 处于 RUN（运行）模式时才能使用。将 S7-200 设为 STOP（停止）模式会使所有的自由接口通信暂停，通信端口则自动转换成正常 PPI，编程器与 S7-200 恢复正常的通信。

5. USS 协议

USS 协议是西门子传动产品变频器等通信的一种协议，S7-200 提供 USS 协议的指令，可以方便地实现对变频器的控制。通过串行 USS 总线，最多可接 30 台变频器（从站），然后用一个主站进行控制，包括变频器的启动、停止、频率设定、参数修改等操作。总线上的每一个传动装置都有一个从站号（在传动设备的参数中设定），主站依靠从站号识别每个传动装置。USS 协议是一种主—从总线结构，从站只是对主站发来的报文作出回应并发生报文。另外，也可以是一种广播通信方式，一个报文同时发给所有 USS 总线传动设备。

（三）S7-200 PLC 网络配置

1. 单台主站 PPI 网络

对于简单的单台主站网络，编程站和 S7-200CPU 通过 PC/PPI 电缆或安装在编程站中的通信处理器（CP）卡连接。

在图 4-8（a）中，编程站（STEP7-Micro/WIN）是网络主站。在图 4-8（b）中，一台人机接口（HMI）设备是网络主站，通过标准 RS-485 电缆与 S7-200 通信。在两个网络例子中，S7-200CPU 是对来自主站的请求作出应答的从站。

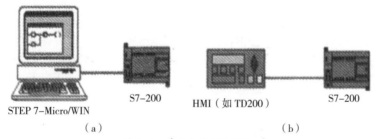

STEP 7-Micro/WIN　　　　S7-200　　　HMI（如 TD200）　　　S7-200

（a）　　　　　　　　　　　　　　　（b）

图 4-8　单台主站 PPI 网络

2. 多台主站 PPI 网络

图 4-9（a）为一台从站的多台主站通信的例子，图 4-9（b）为多台主站与多台从站通信的 PPI 网络。

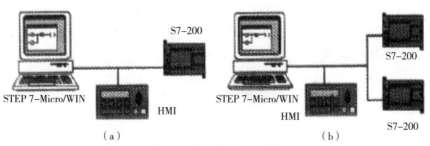

STEP 7-Micro/WIN　　　S7-200　　　STEP 7-Micro/WIN　　　S7-200

HMI　　　　　　　　　　HMI　　　　　　　S7-200

（a）　　　　　　　　　　　　　　　（b）

图 4-9　多台主站 PPI 网络

编程站（STEP7-Micro/WIN）使用 CP 卡或 PC/PPI 电缆与 S7-200PLC 连接，HMI 设备通过网络连接器及双绞线与 S7-200PLC 连接。STEP7-Micro/WIN 和 HMI 设备均为主站，具有不同的网络地址。S7-200CPU 是从站。对于多台主站访问一台从站的网络，将 STEP7-Micro/WIN 配置为使用 PPI 多台主站电缆，用于多台主站网络。如果使用此种电缆，"多台主站和高级 PPI"复选框则无任何意义。电缆无须配置即会自动调整为适当的设置。

3. S7-200、S7-300 和 S7-400 设备的网络配置

图 4-10 是应用 MPI 组成的网络的例子。在网络中有多个主站，通过通信卡、网络连接器和双绞线进行连接。在这种网络中，S7-200 只能作为从站，主站 S7-300 使用 XPUT 和 XGET 指令与 S7-200CPU 通信。作为主站，S7-300、S7-400 之间也可以通信。

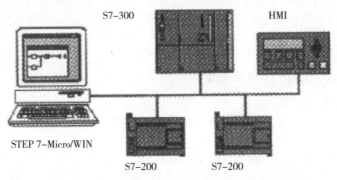

图 4-10 MPI 网络

4. ProfiBus-DP 网络配置

在该配置中，HMI 通过 EM277 监控 S7-200。STEP7-Micro/WIN 通过 EM277 为 S7-200 编程，如图 4-11 所示。S7-315-2DP 作为主站，对从站 ET200 没用用户程序，其 I/O 点直接作为主站的 I/O 点由主站直接进行读写操作，而且主站在网络配置时就将 ET200 的 I/O 点与主站本身的 I/O 点一起编址。对从站 S7-200 与主站的通信是主站通过 EM277 来读写 S7-200 的 V 存储器来完成的，通信的数据量为 1 ~ 128B。

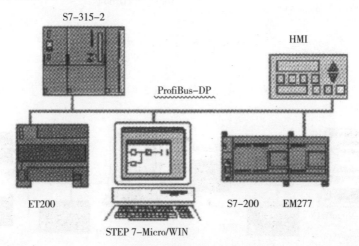

图 4-11 ProfiBus-DP

第二节　PLC 控制应用案例

一、Smart I/O 酒店客房控制系统

适用领域：BAS（楼宇自动化控制系统）。

产品种类：GM4，Rnet，HMI 机器（PMU），Smart I/O。

图 4-12 为 Smart I/O 酒店控制系统构成。

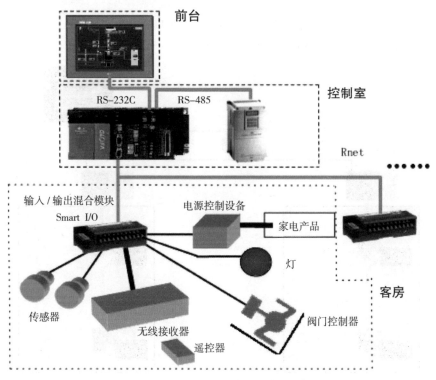

图 4-12　SmartI/O 酒店控制系统构成

系统的主要功能如下：

（1）客房控制。使用传感器和无线接收器作为 SmartI/O 的输入，判断客房是否有顾客，来控制客房的电源和供冷暖。

（2）空调和水泵控制。利用 RS-485 通信控制变频器和空调的供冷暖及水泵。

（3）水温和空气温度控制。利用安装在 PLC 上的 PID 模块来控制水温和房间空气的温度。

（4）使用 PMU 设定控制条件和控制状态，便于控制和管理。

二、蘑菇栽培工厂加湿设备控制系统

在加湿机上安装 PLC，可在中央控制室中监控 10 个栽培室中的湿度，如图 4-13 所示。

适用领域：BAS（楼宇控制 / 通信）。

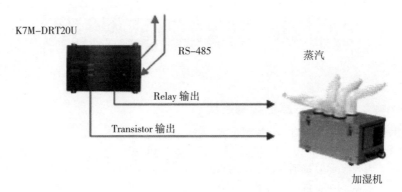

图 4-13 在加湿机上安装 PLC

图 4-14 为蘑菇栽培工厂加湿设备控制系统构成。

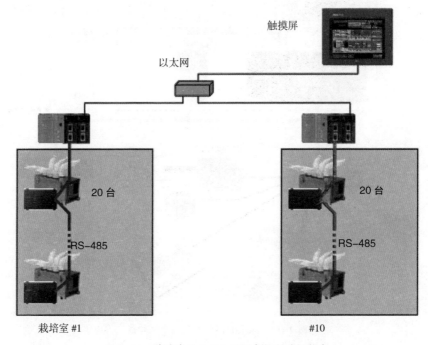

图 4-14 蘑菇栽培工厂加湿设备控制系统构成

系统的主要功能如下：

（1）继电器输出，风扇的开 / 关控制。

（2）晶体管输出，用 PWM 输出方式控制加湿机的控制器（强、中、弱）。

（3）通过 RS-485 通信可在上位机上实现监控（24h 控制强 / 中 / 弱 / 停止）。

（4）通过 RS-485 通信把运行状态传送到上位机。

特别 提醒

（1）各栽培室中安装的 20 台 PLC（K120S）使用内置 RS-485 功能，不需要为了其他通信而使用模块（节省费用）。

（2）K120S 的指令处理速度（0.1μs）和晶体管输出地的 ON/OFF 响应时间（0.2ms 以下）。

三、污水池流量控制系统

水系统是采用 GLOFA GM3 模拟量模块和变频器，适用于污水处理厂的污水池。

适用领域：单个机器。

产品种类：GM3（AD、DA、Ethernet），iS5，HMI S/W。

污水池流量控制系统构成如图 4-15 所示。

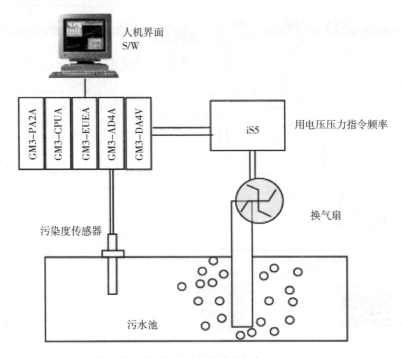

图 4-15　污水池流量控制系统构成

系统的主要功能如下：

（1）利用 G3F-AD4A 模块输入污染度信号。

（2）输入模拟量用以太网传送到上位机并用动画表示出来。

（3）把输入模拟量处理后输出作为变频器速度控制量。

（4）利用模拟量输入功能测量污染度，利用模拟量输出功能根据污染程度调整运行速度和输入到污池的空气量。

四、螺母组装机控制系统

本系统采用高级位置控制功能 APM（1 轴）实现螺母组装。

适用领域：单个机器。

产品种类：K300S（G4F-PP10），HMI 机器。

螺母组装机控制系统构成如图 4-16 所示。

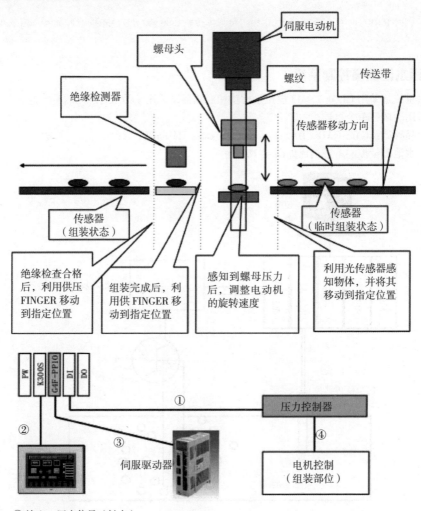

① 输入：压力信号（触点）。

② 输入，Z 相信号（触点）；输出，方向脉冲（正方向，反方向）。

③ 使用 K3P-07AS 的 CPU 通信正方向 / 触摸屏（TOP 5.5）。

④ 压力信号 / 组装完成信号。

图 4-16　螺母组装机控制系统构成

系统的主要功能如下：

（1）启动信号输入时电动机下降（高速）；

（2）下降后碰到传感器时，电动机速度改变（中速）；

（3）利用负载单元的输入信号（1 次压力感知），速度变为低速；

（4）利用负载单元的输入信号（2 次压力感知），电动机停止；

（5）利用负载单元的输入信号（3次压力感知），电动机低速上升；

（6）利用负载单元的输入信号（4次压力感知），电动机停止；

（7）组装设备完成信号发出后电动机高速上升；

（8）高速上升时利用移动轴的上端部位接近信号，电动机停止；

（9）延迟一段时间后再次启动；

（10）通过传感器完成组装的设备，移动到绝缘检测位置后进行最终合格检测。

五、邮件传送控制系统

适用领域：运送。

产品种类：GM2/GM7，Fnet，Ethernet。

邮件搬运传送及监控系统构成如图 4-17 所示。

系统的主要功能如下：

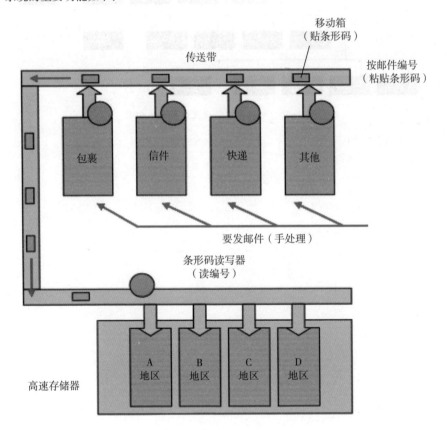

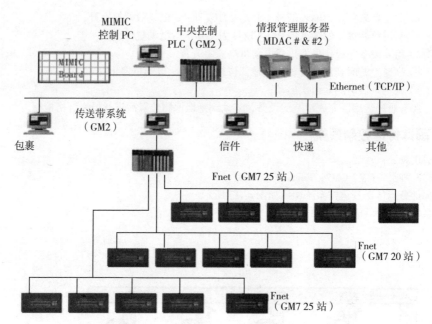

图 4-17 邮件搬运传送及监控系统构成

（1）传送带控制；
（2）传送带之间的互锁；
（3）Fnet/Ethernet 通信。

参考文献

［1］刘振全，韩相争，王汉芝．西门子 PLC 从入门到精通［M］．北京：化学工业出版社，2018.

［2］张应龙．PLC 编程入门及工程实例［M］．北京：化学工业出版社，2016.

［3］刘振全，王汉芝，范秀鹏，等．零起步学 PLC［M］．北京：化学工业出版社，2018.

［4］刘洪涛，黄海．PLC 应用开发，从基础到实践［M］．北京：电子工业出版社，2007.

［5］廖常初．PLC 基础及应用［M］．北京：机械工业出版社，2006.

［6］周万珍，高鸿斌．PLC 分析与设计应用［M］．北京：电子工业出版社，2007.

［7］黄净．电气控制与可编程序控制器［M］．北京：机械工业出版社，2004.

［8］陈白宁．机电传动控制［M］．沈阳：东北大学出版社，2002.

［9］靳哲．可编程序控制器原理及应用［M］．北京：北京师范大学出版社，2008.

［10］常文平．电气控制与 PLC 原理及应用［M］．西安：西安电子科技大学出版社，2006.

［11］劳动和社会保障部教材办公室．电力拖动控制电路与技能训练［M］．北京：中国劳动社会保障出版社，2002.

［12］廖常初．PLC 编程及应用［M］．2 版．北京：机械工业出版社，2005.

［13］孙平．可编程控制器原理与应用［M］．2 版．北京：高等教育出版社，2003.

［14］吕景泉．可编程控制器技术教程［M］．北京：高等教育出版社，2006.

［15］边春元．S7-300/400PLC 实用开发指南［M］．北京：机械工业出版社，2007.

［16］姚志军，吴军．电动机节能方法与 PLC 变频器应用实例［M］．北京：中国电力出版社，2009.